中小学生校园科普系列丛书

初中版

惊险
极地

宫淑敏 编著

黑龙江教育出版社

前言

地球是我们可爱的家，是一个美丽、富饶而又充满神奇的地方，是人类和所有生灵的避难所。

尽管我们就生活在这个星球上，但放眼望去，地球上到处充满令人迷惑之处：从地球的诞生，生命的出现，历次物种大灭绝，可怕的百慕大三角，让人类匪夷所思的UFO，海陆的变迁，破坏力惊人的地震、海啸，各式极端的气候现象以及日益频发的病毒传播，等待。这些让人不禁思考：我们所居住的行星是否有一种不可思议的力量控制？

地质学家为什么会在高山的石头中发现了鱼类的化石？

你见过自然弯曲的石头吗？

恐龙为什么在短时间内突然灭绝，这样的事件会发生在人类的身上吗？

动物真能预知天灾，大难临头跑得快？

现在，由于温室效应，全球的气候正在逐步变暖，平均气温上升，那么，为什么说还有可能有第五纪冰川期呢？第五纪冰川期来临，意味着地球又要进入一个冰川广布的可怕地质年代吗？

假设有这种可能，即海洋的水能被排出，而且会被某种特大事故排空，那么，令人难以置信的无数的和各种非同寻常而又令人惊讶的海怪就可能展现在我们的眼前。

神奇的地球隐藏着无穷的秘密。

人类以最大的自信，也只敢说接近认识了它的百万分之一，尽管我们今天的科技水平已经相当发达。事实上，现代科技所获知的东西越多，科学家们便发现，不知道的东西反倒更多了。科学家很厉害，能制造原子弹，能发射环绕地球的卫星，能登上月球，但是人类在实验室里却不能利用化学物质合成一个哪怕是最简单的生命。但一只蚂蚁却可以。在自然面前，在科学面前，人类知道的还很有限。

一年四季规律变化，地球不知疲倦默默地绕着太阳旋转，在科学家的眼里，地球很可爱，很了不起，很有趣。

本书筹备 5 年，采访了 25 位科学家，将这个人类居住的行星背后的秘密带到眼前，揭露转动不停的地球令人惊讶的变化。从活跃的火山口，到无底的深渊，即使是摄影机也未能到的时间与空间，透过科学的手段验证、推理，为你详述。

本书的内容运用了很多的地质学、天文学、生物学、医学、海洋学等方面的常识，既有知识性，又有趣味性。这样，读者就能够在快乐中学习，摆脱记忆知识的枯燥，让学习知识成为一个愉快的过程，在猎奇和疑问中推开科学的大门。比游戏过瘾，比卡通搞笑，比上网刺激！学习与有趣的奇特组合，读科学书也像读《哈利·波特》那样过瘾。

这里需要提醒大家的是，当你听科学家侃侃而谈的时候，你是不是觉得他们上知天文、下晓地理，好像什么都懂？可别被他们唬住了，科学家并不是什么都懂。要真是那样，他们就不用做什么实验了，一天到晚跷着二郎腿坐着就行了。实际上，我们的科学家还有很多疑难问题没有解决，我们还有很多不知道或不理解的问题。

请把这些问题记在心里，努力地学习，用飞扬的青春拥抱科学的理想，学科学，爱科学，立志做科学家，把自己变成一个知识广博的人。这是我们一个小小心愿！也是我们编著此书的初衷。

在这里，要感谢为本书默默奉献的诸位作者、编辑人员，以及在资料整理和对外联系过程中不辞辛劳的乔春颖女士。本书中部分内容引用了一些知名科学家的文章或科研成果，有很多没有来得及拜访或由于联系方式的原因没有拜访，在这里一并表示感谢。

本书编写组

contents 目录

（一）南北极——科学探索的圣地 1

说到北极或南极，人们首先想到的是极光、冰、企鹅、寒冷等词汇，但事实上绝不是仅此而已。多少年来，科学家们一直迷恋着两极，迷恋着两极地区奇奇怪怪的自然景象。没有人烟，没有鲜花，没有绿草；在漫长的极夜里甚至没有人类赖以生存的阳光。这儿只有酷寒的气候，有远比台风还强劲的下降风暴，有被下降风卷起百丈高的雪柱冰花……是什么诱使科学家们迷恋这块极地？是什么使科学家们心甘情愿为它献出宝贵的青春？你又对南北极了解多少呢？

（二）各国为什么对南北极兴趣这么大 43

飞机的轰鸣划破极地寂静的天空，科考船只往来穿梭；冰盖之上，蹒跚着石油大亨的身影；海面之下，出没着各种潜艇……

或觊觎南极和北极丰富的资源，或着眼于全球战略的谋篇布局；又或出自于真正的科考目的，以及仅仅是为了探险好奇……百多年来，人们把目光投向了亿万年孤绝沉寂的南北极。持续百年的极地之争，在全球化时代显现出许多新的特征，新的趋势。"政治入侵极地"，正在成为人类面临的现实——极地皑皑冰雪之下，涌动着 21 世纪各国角逐的暗流。

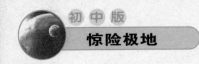

（三）各国的行动　51

寒冷的两极地区海底蕴藏着丰富的石油、天然气以及矿产资源，各国对两极地区的争夺日趋激烈。北冰洋沿岸的加拿大、俄罗斯、美国、丹麦和挪威等国纷纷采取在北冰洋海底插旗、绘制海床地形图等行动来宣示自己对这一区域拥有主权。南极，也成为争夺的焦点。各国争先恐后，甚至不惜采取外交手段和军事力量。

（四）附：中国的历次南极科考　63

（一）南北极——科学探索的圣地

说到北极或南极，人们首先想到的是极光、冰、企鹅、寒冷等词汇，但事实上绝不是仅此而已。多少年来，科学家们一直迷恋着两极，迷恋着两极地区奇奇怪怪的自然景象。没有人烟，没有鲜花，没有绿草；在漫长的极夜里甚至没有人类赖以生存的阳光。这儿只有酷寒的气候，有远比台风还强劲的下降风暴，有被下降风卷起百丈高的雪柱冰花……是什么诱使科学家们迷恋这块极地？是什么使科学家心甘情愿为它献出宝贵的青春？你又对南北极了解多少呢？

南极点

南极点是个非常奇特的地方。

在南极点上，我们日常生活中的方向——东、西、南，完全失去了意义。

这里只有一个方向——北方。站在南极点上的人们，不管向前、向后、向左、向右，总是朝向北方。

在南极点上，人们关于昼和夜的概念也不适用了。在这里，一昼一夜不是一天，而是一年。每年南半球春分那天，太阳从地平线上升起以后，就一直在低空打转转，直到半年以后的南半球秋分那天，才慢慢地从地平线上消失，接下来又是半年漫长的黑夜。

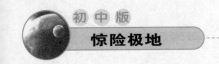

南极点仅仅是一个点。我们平时说的南极，却是一大片地方。

打开南半球的地图，你可以看到在南纬 66° 33′ 的地方，用虚线画着一个大圆圈，这就是南极圈。有人把南极圈以南的大片圆形地方，称为南极。

从南极点到南极圈的直线距离超过二千五百公里，也就是这个大圆的半径。这片地方有多大，你可以自己算一算。

更多的人把南极大陆和它周围的岛屿称为南极，也就是南极洲。这块大陆由厚厚的冰层覆盖着，是一块充满着神秘色彩的土地。

在里，没有奔腾的江河和潺潺的溪流，没有繁茂的树木和青葱的小草，没有村庄，没有道路，更没有长满各种庄稼的田野。

它是一个白茫茫的寂静的冰雪世界。

未知的南方大陆

大约在五百年前，在欧洲历史上发生了一个重大的事件。意大利人哥伦布驾着帆船，横跨大西洋，到达了美洲。

这是欧洲人第一次登上富庶的美洲大陆。这对欧洲资本主义的发展产生了奇迹般的影响。数不清的黄金、白银以及其他财富，从美洲大陆源源不断地运往欧洲，一批一批冒险家也漂洋过海，到美洲去寻找发财致富的道路。

资本主义随着这个重要的"地理大发现"一起开始走上它的黄金时代。然而，奇迹能不能第二次出现呢？

一些西方资本主义列强把希望寄托在所谓"未知的南方大陆"上面。

可能在人们最初知道地球是球形的时候，就产生了关于"未知的南方大陆"的概念。因为，他们认为，只有在地球南部有一块十分巨大的大陆，才能保持地球的平衡。否则，地球北部巨大的欧亚大陆会把地球压翻。古希腊学者托勒玫十分肯定地说，在印度洋南岸，存在着一个大陆。

人们用最美好的愿望，描绘着那块未知大陆的富庶景象：肥沃的土地、丰富的物产、稠密的人口。有人甚至武断地说，那块大陆上的居民人数，可能有五千万！这该是多么令人向往的地方啊！

从当时的地理知识水平看，尽管人们知道地球是一个巨大的球体，但是并不了解从赤道到极地逐渐变冷的地带性规律。今天，连小学生都知道，赤道是最热的地方，南极和北极都是冰天雪地。但是，当时的人们错误地认为，也许南极一带的气候和他们居住的地方是一样的，寒来暑往，鸟语花香。因此，关于未知大陆的种种传说就不足为奇了。

通往南极的三道封锁线

南极大陆又是地球上最孤立、最偏僻的大陆。离它最近的是南美洲，距离大约一千公里。南极距离澳大利亚三千五百公里，距离非洲四千公里。从我国首都北京到南极极点，直线距离是一万四千多公里。

大自然用几道封锁线把南极和世界其他地方隔离开来。

第一道封锁线是南极周围海洋上的狂风恶浪。没有大功率的海轮，在这一带航行，是相当危险的。

第二道封锁线是南极附近的海冰和海水里漂浮着的巨大冰山。没有特制的破冰船和先进的航海设备，几乎无法接近大陆。

第三道封锁线是南极大陆沿岸高大陡峭的冰障，它笔立、光滑，要攀上冰障，才能登上南极大陆。

过去，世界上的五个大陆——欧亚大陆、非洲大陆、北美大陆、南美大陆和澳洲大陆，都是有人居住的；只有南极这个神秘的冰裹雪封的大陆上，从来没有人类的足迹。

直到十九世纪，人类才发现了南极大陆。于是，它就得到了一个别名——第六大陆。

探险家们开始行动了

最早寻找南方"未知大陆"的有英国、俄国、美国和法国。

英国的詹姆斯·库克，在 1768 年率船开始寻找南方大陆，首次环绕南极航行，驶进南极圈，抵达南纬 71° 10´的海域，他是南极探险的先驱。英国的威廉·史密斯，在 1819—1821 年，5 次率船到南极海域航行，发现了南设得兰群岛。俄国的别林斯高晋，在 1819 年率船到南极，驶入南极圈，环绕南极航行，几经航行，在 1821 年发现距南极大陆不远的彼得一世岛。美国的纳撒内尔·帕尔默，在 1820 年率船驶向南设得兰群岛海域，继续航行，发现南极半岛。英国的詹姆斯·威德尔，在 1822 年率船向南极挺进，创造了南行的新纪录，到达南纬 75° 15´的海域。法国的迪蒙·迪尔维尔，在 1839 年向南极进发，在南极圈附近，发现一条海岸线，并登上岸边。

英国的詹姆斯·罗斯，在 1840 年开始，率船驶抵达南纬 78° 11´的海域，又创向南航行的最远纪录，发现了大陆冰障和两座火山以及多个群岛，并寻找到南磁极，进行了精确的测量。

第一个到达南极点的人

1911 年 12 月 14 日，挪威著名极地探险家罗阿德·阿蒙森历尽

艰辛，闯过难关，终于成为历史上第一个登上南极点的人。

阿蒙森从小喜欢滑雪旅行和探险，他是世界西北航道的征服者，曾经3次率探险队深入到北极地区。1897年，他在比利时探险队的航船上担任大副，第一次参加了南极探险活动。1909年，当他正在"先锋"号船上制订征服北极点的计划时，获悉美国探险家罗伯特·皮尔里已捷足先登，他便毅然决定放弃北极之行的计划，改变方向朝南极点进发。

1910年8月9日，阿蒙森和他的同伴们乘探险船"费拉姆"号从挪威起航。他在途中获悉，英国海军军官斯科特组织的南极探险队，也是以南极点为目标，早在两个月前就出发了。这对阿蒙森来说，是一个不是挑战的挑战，他决心夺取首登南极点的桂冠。

经过4个多月的艰难航行，"费拉姆"号穿过南极圈，进入浮冰区，于1911年1月4日到达攀登南极点的出发基地——鲸湾。阿蒙森在此进行了10个月的充分准备，于10月19日率领5名探险队员从基地出发，开始了远征南极点的艰苦行程。前半部分大约六七百千米的路程，他们乘狗拉雪橇和踏滑雪板前进。后半部分路程主要是爬坡越岭，尽管遇到许多高山、深谷、冰裂缝等险阻，但由于事先准备充分，加上天公作美，他们仍以每天30千米的速度前进。结果仅用不到两个月的时间，就于12月14日胜利抵达南极点。阿蒙森激动的心情简直难以言表。他们互相欢呼拥抱，庆贺胜利，并把一面挪威国旗插在了南极点上。他们在南极点设立了一个名为"极点之家"的营地，进行了连续24小时的太阳观测，测算出南极点的精确位置，并在点上叠起一堆石头，插上雪橇作标记，还在南极点的边上搭起一顶帐篷。阿蒙森深信斯科特很快就能到达南极点，而自己的归途又是相当艰难的，任何意外都有可能发生。于是，他便在帐篷里留下了两封分别写给斯科特和挪威哈康国王的信。阿蒙森这样做的用意在于，万一自己在回归途中遇到不幸，斯科特就可以向挪威国王报告他们胜利到达南极点的喜讯。

阿蒙森在南极点上停留了3天。12月18日，他们带着两驾雪橇和18只狗，踏上了返回鲸湾基地的旅途。1912年1月30日，他们再乘"费拉姆"号离开南极洲，于3月初抵达澳大利亚的霍巴特港。

阿蒙森伟大的南极点之行，轰动了整个世界，人们为他所取得的成就欢呼喝彩。

初识南极洲

南极，一片让人向往的圣洁土地，充满了神奇。这里有壮美的冰山、亘古不变的冰原和美丽可爱的动物，当你踏上这片土地的时候心灵无不受到极大的震撼，让你深深牢记在这里的每分每秒。

南极洲位于南极点四周，为冰雪覆盖的大陆，周围岛屿星罗棋布。南极洲的面积，包括南极大陆及其岛屿面积共约 1400 万平方公里，占世界陆地面积的 10%，与美国和墨西哥面积之和相当，是澳大利亚陆地面积的两倍，为世界第五大陆。

南极洲四周环绕着多风暴且易结冰的南大洋，为大西洋、太平洋和印度洋的延伸，面积约 3800 万平方公里，为方便研究，人们称之为世界第五大洋。

南极洲距离南美洲最近，中间隔着宽仅 970 公里的德雷克海峡。距离澳大利亚约有 3500 公里；距离非洲约有 4000 公里；与中国北京的距离约有 12000 公里。

南极洲是由冈瓦纳大陆分离解体而成，是世界上最高的大陆，平均海拔 2350 米。横贯南极山脉将南极大陆分成东西两部分。这两部分在地理和地质上差别很大。

东南极洲是一块很古老的大陆，据科学家推算，已有几亿年的历史。它的中心位于难接近点，从任何海边到难接近点的距离都很远。东南极洲平均海拔高度 2500 米，最大高度 4800 米。在东南极洲有南极大陆最大的活火山，即位于罗斯岛上的埃里伯斯火山，海拔高度 3795 米，有 4 个喷火口。

西南极洲面积只有东南极洲面积的一半，是个群岛，其中有些小岛位于海平面以下。但所有的岛屿都被大陆冰盖所覆盖。较古老的部分（包括有玛丽．伯德地南部、埃尔斯沃思地、罗斯冰架和毛德皇后地）有一由花岗岩和沉积岩组成的山系。该山系向南延伸至向北突出的南极半岛的中部。西南极洲的北部，即较高的部分是由第三纪地质时期的火山运动所造成的。南极洲的最高处——文森山地 (5140 米) 位于西南极洲。

冰川、湖泊

位于南极高原的比德莫尔冰川是南极洲较大的冰川。流域面积与法国相当的罗斯冰架，为罗斯海最南的分界线。位于大陆另一边的威德尔海，是另一个深入内陆、而以菲尔希纳冰架为终端的深海湾。菲尔希纳冰架向南延伸，与位于极地高原前方而海拔较高的罗斯冰架汇合。

南极洲分布有众多的淡水和咸水湖池，最著名的是唐胡安池，其湖水含盐度极高，每升湖水含盐量可达270多克，即使是在 -70℃，湖水也不结冰。南极洲还有一种表面结冰、湖底高温高盐的湖，如较有名的万达湖和邦尼湖。这种湖，表面结着 2 ~ 3 米厚的冰，冰下湖水清澈，浮游生物极少，湖水的含盐量随深度的增加而增加。湖底水的含盐量往往可以高出海水的 10 倍。湖水的温度亦随深度增加而升高，在全年平均气温 -20℃的环境中，湖底水温可高达

25℃。

南极大陆的98%被冰雪覆盖着。经过科学家多年的测量计算，南极冰盖的总体积为2800万立方公里，平均厚度为2000米，最大厚度为4800米。最厚的冰盖位于东南极洲的澳大利亚凯西站以东510公里处。南极大陆常年被冰雪覆盖着，使得南极大陆，特别是东南极洲形成一个穹状的高原，平均高度为2350米，成为地球上最高的大陆，比包括青藏高原在内的亚洲大陆的平均高度要高2.5倍。但是如果不计这巨大的冰盖，南极大陆的平均高度仅有410米，比整个地球上陆地的平均高度要低得多。

▲　白色，是南极大陆的主基调。

南极洲的冰和雪是世界上最大的淡水库，全球90%的冰雪储存在这里，占整个地球表面淡水储量的72%。南极洲有众多的冰川。其中，兰伯特冰川是世界上最大的冰川，这条冰川充填在一条长400公里、宽64公里、最大深度为2500米的巨大断陷谷地中。它以平均每年 350 米的流速流注入海，构成埃默里冰架。南极洲有大小不等的陆缘冰架约 300 个。其中西南极洲的罗斯冰架和威德尔海湾的菲尔希纳冰架，是世界上最著名的冰架。罗斯冰架面积约 54 万平方公里，菲尔希纳冰架面积约 40 万平方公里。南极洲四周的冰障有 10 多座。在罗斯冰架临海的罗斯冰障长达 900 公里。

平均高出海面 50 米，是南极洲最大的一座冰障。据专家测定，冰障在不断地移动，罗斯冰障的前端一般每天移动 3 米，最快达 4 米。在南极大陆的毛德皇后地和阿黛利地的冰舌，向海中伸出 100 多公里，宽度达 50 多公里，高度 20 ～ 30 米。由于海冰从海岸向大洋延伸，南极大陆面积冬季和夏季相差甚大。科学家测定，在格林尼治子午线上，夏季南极大陆的直径为 3600 公里，而冬季可达 5400 公里。

南极洲气候

在国际地球物理年期间，科学家在海岸地区测得的最冷月的平均温度是 −18℃，而在南极点同月的平均温度是 −62℃。1983 年 7 月 31 日，苏联学者在东方站记录到 −89.2℃的低温，是世界记录到的最低自然温度。南极洲的风力，因地而异。一般而言，海岸附近的风势最强，平均风速为 17 ～ 18 米／秒。东南极洲的恩德比地沿海到阿黛利地沿岸一带的风力最强，风速可达 40 ～ 50 米／秒。据澳大利亚莫森站 20 年的统计资料，每年八级以上大风日就有

300 天，1972 年，莫森站观测到的最大风速为 82 米／秒。法国的迪维尔站曾观测到风速达 100 米／秒的飓风，其风力相当于 12 级台风的 3 倍，这是迄今为止世界上记录到的最大风速。

南极大陆是地球上最干燥的大陆，年平均降水量仅有 30 ～ 50 毫米，越往大陆内部，降水量越少，南极点附近只有 3 毫米。降水量较多的地方是沿海地区，年平均降水量有 200 ～ 500 毫米，而南设得兰群岛地区降水量比较多。南极洲的降水几乎都是雪。

南极洲矿藏

南极洲有藏量丰富的矿物资源，目前已经发现的就有 220 多种，包括煤、铁、铜、铅、锌、铝、金、银、石墨、金刚石和石油等。还有具有重要战略价值的钍、钚和铀等稀有矿藏。据科学家估计，在罗斯海、威德尔海和别林斯高晋海蕴藏着 150 亿桶的石油和 3 万亿立方米的天然气。南极洲煤的蕴藏量大约有 5000 亿吨。在东南极洲的维多利亚地以南煤的蕴藏量极为丰富，煤田面积达 25 万平方公里。

南极洲植物

在南极大陆的岩石或陡坡上唯一发现的植物是最低等的植物，

它们面北朝着太阳生长。生物学家在大陆的边缘及附近的岛屿，已经发现约 400 种不同的苔藓植物。在南极洲最温暖的南设得兰群岛以外和南极半岛的北部，也发现了两种粉红色的显花植物。在夏天解冻的池塘里，还发现了 200 种淡水藻类。在雪地上也有藻类生长。

南极洲动物

南极地区的动物主要有鲸、海豹和企鹅。它们从陆地周围的海水中觅取食物。在 20 世纪 50 年代，南极海域的捕鲸量曾达到世界捕鲸量的 70％左右。所捕获的最大蓝鲸，身长 37.8 米，为目前所知世界上最大的动物。南极海域生产名贵毛皮的海豹惨遭捕杀，现仅存 6 种海豹。生活在南极地区的企鹅有 4 种，即帝企鹅、阿德利企鹅、金图企鹅和帽带企鹅。帽带企鹅大部分分布在南极半岛。帝企鹅体型最大，高约 122 厘米，重达 41 公斤；阿德利企鹅是南极洲最常见的鸟类，高约 48 厘米，重约 5 公斤。南极洲的许多岛上也有其他种类的鸟，包括雪鸟、信天翁、海鸥、贼鸥和燕鸥。南极洲还有一些不会飞的昆虫。在南极点的 483 公里范围内发现有粉红色的小虫生长。南极海域的特色之一是浮游生物如甲壳动物丰富，其中磷虾的蕴藏量就有 10 亿～50 亿吨。有些科学家认为，如果每年捕获 1 亿吨至 1.5 亿吨，也不会影响南大洋的生态平衡。

《南极条约》

1959 年 12 月 1 日，12 个国家在美国签订《南极条约》（1961 年生效）。条约主要内容如下：1. 禁止在南极洲从事任何军事目的之活动；2. 允许在南极洲从事自由的科学调查或研究；3. 冻结目前领土所有权的主张；4. 促进国际在科学方面的合作；5. 成立调查组织，监督在南极洲所从事的任何活动，禁止在南极洲试爆核子及处理原子废料。两年内，各国都承认此条约。

▲ 1991 年，《南极条约》生效三十周年，中国邮政发行了一枚纪念邮票。画面用大面积的白色绘制出南极地图，表现出南极 98% 左右的区域被冰雪覆盖的"白色大陆"特点。画面中把南极最有代表性的生物——企鹅描绘得悠然、安洋，以示南极永远为和平的目的而使用。邮票的色调偏冷，蓝色、白色的搭配，象征着南极世界的纯净无瑕，这也正符合南极无污染、海天一色、蓝的可爱、白的纯洁的自然景观。

关于环境保护的南极议定书 1991 年 6 月 23 日在马德里通过，并于当年 10 月 4 日开放签署。1998 年 1 月 14 日生效。

该议定书旨在保护南极自然生态。议定书规定，严格禁止"侵犯南极自然环境"，严格"控制"其他大陆的来访者，严格禁止向南极海域倾倒废物，以免造成对该水域的污染。议定书还规定禁止在南极地区开发石油资源和矿产资源。

26个国家签署了该公约。签字国将在未来50年内对南极生态保护承担严格的义务。1991年10月4日，中国签署了该公约。

天然的纯净水基地

我们都知道，人类离不开水，动植物离不开水，水是维持生命所必不可少的物质。一个人再厉害，几分钟不呼吸就会憋死，几天不喝水就会渴死，而如果能呼吸并且有水喝，即使在没有食物的情况下，活几个星期都没有问题。

就连我们的身体里，也有90%是水。水的用途之广，从工业到农业，从科学研究到生存环境，都需要淡水，没有水，人类的一切活动都将寸步难行。

但不幸的是，地球上的淡水资源越来越少，许多地区出现了水荒。由于淡水资源的稀缺，很多地方的经济受到了很大的影响，人民的生活每况愈下。因此，淡水安全成为人们必须考虑的头等大事。甚至有人预言说，现在人类为了石油而到处打仗，将来很可能会为了淡水而大动干戈。

那么，是不是世界上的每个地方都缺淡水资源呢？不是，有两

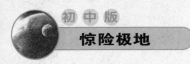

个地方，淡水多得不得了。这就是地球的两极，特别是南极。南极大冰盖覆盖了整个大陆，平均厚度2200米，最深的地方达4800米，所含淡水占地球上淡水资源的72%。而且，这些冰川都是几千、几万、几十万、几百万年之前形成的，非常纯净，没有污染，比市场上任何矿泉水、纯净水都要好得多。

更令人惊奇的是，南极冰不仅清纯甘洌，而且它在杯内溶化时，冰晶体中的气泡溢出时会发出清脆的响声，美妙悦耳。

是否真有这么一天，人类将不得不利用两极的淡水？当然有可能。那会不会引起大的灾难？或者破坏两极的环境？有这种可能，但只要人类合理开发利用，就完全可以避免。事实上，南极的大冰盖经常自己就断裂开来，形成大大小小的冰川群。有的搁浅在陆地上，慢慢化掉；有的掉进大海，往北漂移。北极也有大冰盖，主要是在格陵兰，虽然规模比南极小得多，但储藏的淡水量也不少。

由此看来，人类只要不主动破坏两极的冰川，只是选取漂浮在海里的冰山加以开发，就不会引起巨大的灾难。这样既可解决淡水不足的问题，又能避免环境污染。有人乐观地认为，只要人类的科技水平发展到能利用两极冰川的时候，即使部分地开发两极的冰山，就能补充人类急需的淡水资源，还能使地球上的沙漠变成绿洲。

到时候，如果在南极开一家纯净水厂的话，那么，生产出来的纯净水一定能畅销全世界。

北极区的本貌势难保持

随着社会的发展和科技的进步，人类对大自然的干扰和破坏也就愈来愈严重，飞机在天上飞，汽车在地上跑，机器飞转，烧火做饭，所有这些都要燃烧汽油、煤炭、天然气和柴火，源源不断地向大气中排放大量的二氧化碳。大气中的二氧化碳有一种特殊的作用，能把地球表面反射回太空的热量挡住，就像是在空中建起了玻璃房子或者架起了塑料大棚，这就是所谓的"温室效应"。

一位爱斯基摩老猎人曾说，他们的祖先留下了一张图，是一个手掌，手心却有个窟窿，意思是说，在打猎时要手下留情。如此简单的图案，却蕴含着深刻的哲理：自己活，也得让别人活；人类活，也得让其他生物活。

人类自视清高，自诩是世界上最高级的生物，但是实际上，我们到底比其他生物高明多少，是很值得怀疑的。例如，如果没有枪，我们斗不过北极熊；如果没有船，我们追不上鲸鱼；我们一掉进冰冷的水里，立刻就会冻僵，南极鱼却可以穿行于浮冰之间，自由自在地游来游去；我们一进入冰原，如果没有罗盘或 GPS（全球定位系统），马上就会迷失方向，企鹅却能以最短的路线，准确地找到自己的目的地。甚至连小小的北极蚊子也比我们高明，它们长在头顶上的红外探测器可以准确地测定几公里以外的目标，而我们制造出来的红外探测仪体积大而笨重，还没有蚊子那样高的灵敏度。与这些生物相比，我们人类有什么可骄傲的呢？

推而想之，就连我们的社会机构和高级思维，动物其实也早已有之。例如，领土不可侵犯，边境荷枪实弹，是人类社会的一大特点。动物呢？同样也有明确的领土观念，从天上的鸟到地上的兽，都有一定的活动空间。不过，它们的管理方法比较简单，撒一泡尿就算划定了边界，叫几声就可以吓阻敌人。遇有外来入侵，它们也会奋力抵抗，胜利当然更好，失败也不恋战，甘心落荒而逃，自己另找地盘。如果到蜜蜂或者蚂蚁的窝里去看看，更加让人羞愧。人类又是奖金，又是宣传，又是金榜题名，又是树碑立传，但真正大公无私、公而忘私者却总是极少数，因而被尊为英雄或模范。而蚂蚁和蜜蜂呢？终生劳累而不计报酬，尽职尽责而任劳任怨，既不用监督，也不用表扬，即使为保卫家园而战死，也得不到英雄或烈士的头衔，但却社会稳定，秩序井然，各司其职，无私奉献，生生不息地繁衍了上亿年。

实际上，人类只是地球上千千万万种生物中的一种，而且几乎是最晚来到地球上的。然而，人类却以为自己就是这个星球的主宰，地球上的一切都是为自己准备的，于是，对动物滥捕滥杀，对植物乱砍滥伐，凡能吃的都上了餐桌，凡好看的都成了玩物，既不能吃也不好看的，则遭赶尽杀绝。结果，许多动物都遭了殃，许多植物大批绝了迹，人类愈来愈孤立。然而，自然规律是不可抗拒的，"适者生存"的法则不仅适用于其他生物，同样也适用于人类自己，如果一意孤行，终有一天人类会被大自然抛弃。

人类如果想摆脱困境，更好地在这个星球上生存下去，就必须彻底转变观念，树立起一种大平等观和大分享观，即不仅人与人，国家与国家，民族与民族，种族与种族要一律平等，而且人与其他生物也是平等的，都是生命大家庭中的一员，共同分享地球的空间和资源。只有这样，人与人，人与大自然，才能更好地和谐相处，在这个星球上继续生存下去。

冰架是什么?

规模巨大的冰架是南极特有的景观。在南极大陆周围，越接近大陆的边缘，冰厚变得越薄，并伸向海洋，在海洋，海冰浮在水面上，形成了宽广的冰架。也就是说，冰架是南极冰盖向海洋中的延伸部分，这些冰架的平均厚度为475米，最大的冰架是罗斯冰架、菲尔希纳冰架、龙尼冰架和亚美利冰架。加上这些冰架，南极大陆面积可增加150万平方千米。冰架以每年2500米的速度移向海洋，在它的边缘，断裂的冰架渐渐漂移到海洋中，形成巨大的冰山。

北极神秘的冰原

伴随我国即将建设第一座北极科学考察站，北极冰洋再次吸引了人们的目光。那么，北极究竟何等模样呢？为何成为科学研究的一片"圣土"？

北极包括1400万平方公里的北冰洋，以及欧亚大陆、北美大陆北部边缘冰盖区和苔原植被区。北冰洋的冰盖厚度不大，一般不超过900米，中部只有30~50米。北极的边缘地区海陆交错，格陵兰岛伸入北冰洋，与大西洋有一宽广通道，而与太平洋相连的却是狭窄的白令海峡。由于不同于南极的地理环境、海陆分布及洋流干预等，形成了北极风雪冰原独具特色的冰漠气候。

虽然太阳送达北极的年辐射总量不算太少，但茫茫冰原的反射作用，北极所能接收的太阳辐射却少得可怜，加之地面长波辐射又将热量几乎散尽，因而各地气温很低，年平均气温大部分为 −10℃ ~ −15℃。而北冰洋南部及大陆边缘的结冰随季节发生封冰和消融，无冰海面随之变化。因此，在北极点附近（北纬80度内）为永冻冰盖区，北纬70 ~ 80度附近洋面为冬季浮冰区，北纬60度附近洋面为冬季流冰区。北极的冬天是漫漫的长夜，强烈的辐射冷却作用使最冷月平均气温低达 −40℃。北极的夏天又是极昼，冰雪虽可部分融化，但融雪耗热使气温很难高于0℃，南部边缘地区最热月也不超过10℃，但此时多气旋活跃并可进入北极点，常给北极带来暴风雪。

北极最冷处是格陵兰岛，岛上80%以上常年被冰盖覆盖，冬季平均气温−40℃～−45℃，绝对最低气温低于−60℃，夏季最高气温−5℃～10℃。北极最暖的地方在欧洲大西洋一带，如斯匹兹卑尔根群岛北部，1月平均气温−17℃，而亚洲同纬度北极地区1月平均气温低于−30℃。因为北大西洋暖流经常冲击北极，而亚洲大陆北部常受寒流侵扰。正因各地气温相差悬殊，使北极不仅发育典型的冰漠气候，还有范围广阔的苔原气候区。

近几十年来，人类对北极的认识虽有长足进步，但在许多方面仍知之甚少。研究证实，对于全球性的科学研究，被称为地球"三极"的南极、北极和青藏高原，都是重要基地，如探测宇宙，观测温室效应，研究大陆漂移、全球气候、大气环流及海气互动，等等。北极与南极有许多不同之处。北极不是地球上的"寒极"，也不像南极那样是地球的冰库，北极的平均气温比南极高20℃左右；南极是陆块，而北极是一片神秘的海洋。有人计算，如果将南极的大陆填入北冰洋，刚好可以填满。南北极为何有如此奇妙的差异？它们之间有何联系？人类至今未能知晓。

我国科学家还指出，南北极地区是研究高层大气物理的最佳场所，加强这一地区的考察研究，对发展我国航空航天事业、星体探测发射等都有举足轻重的意义。因为地球是个磁场，南北极是太阳

粒子辐射流（即太阳风）侵入地球的唯一通道，许多重要的高层大气物理现象，如极光、哨声、粒子沉降、电磁脉冲等，都会在这里频频发生。在北极研究这些现象，对于测定地磁活动、改进无线电远程通讯、研究卫星发射轨道乃至军事国防活动等，都是非极地地区不可替代、不能比拟的。

冰山

南极非同寻常的恶劣环境，不时从那里爆出新闻。2002年3月18日，美联社从华盛顿发出一条新闻，引起全世界的关注。消息称，一座相当于新加坡国土面积9倍多的冰山从南极冰架断裂开来。一天后，即3月20日，电视上又反复播放这一画面。只见一座座平面冰山相互间已经拉开长长的间距，向宽阔的陆缘冰区移去。

南极冰山出现特大松动报告是美国国家冰川中心发出。这座代号为B—22的冰山，脱胎于南极阿蒙森海的一块冰舌。断裂冰山的总面积为5538平方公里，大致折合为新加坡国土面积的9倍。这些冰山是通过国防气象卫星拍摄的照片发现的。冰山的名字是以其最先被发现的所在南极区域命名的。B标识区包括阿蒙森海和东罗斯海，22则表明它是美国冰川中心在这一区域发现的第22座冰山。从事冰川研究的科学家为此惊呼：这反映了全球气候变暖的速度在加快。

过去，科学家们也曾发出类似的警告。1995年，一座面积为2600多平方公里，相当于卢森堡国土面积的大冰山，从南极半岛的纳尔逊冰架入海。由于它的庞大，脱离冰架后，竟拉长了一条60公里宽的裂口。再向上推，1986年，曾有一座1100平方公里的冰山，同样从南极半岛的纳尔逊冰架崩入海中。仅在1966—1991年，有多于1300多平方公里的冰量，从南极某冰架消失。看来，这类事件今后还会发生，并将继续受到人类的关注。

大自然的鬼斧神工，把这些冰山雕塑成千姿百态。倘若我不是来到南极，决然想不到它们竟是如此壮美、奇妙、雄浑、高耸。

对于航行在冰区的考察船而言，冰山是危险的。为了安全，船员们时时绷紧神经。不仅要防止随时发生的冰山崩塌危及船体，还要防止考察船与冰山相撞。

冰崩

探险常常与陌生的大自然打交道，遇到各种各样的危险不足为怪，有时是有惊无险，有时是大难不死。

1989年1月15日。这天，"极地"号终于航行到近陆岸约400米的地方，抛锚停船，并已放下小艇准备卸载。锚链刚刚抛下，船长到船头察看抛锚的情况。就在他趴在船头向下观望的时候，忽

然发现海中的浮冰在剧烈地翻动，有的互相撞击，有的荡着海水哗哗作响，泛起一片片白沫。对这异常他感到很吃惊，因为浮冰压着海水，海水一般不会出现不宁。

船长抬头向远方望去，只见左舷的平面大冰山在移动，边缘的冰块在纷纷崩落。他立刻意识到，这是非常危险的冰崩在发生，赶紧从船头跑向指挥舱，广播中传出他的指令："紧急备车，起锚人员就位起锚，所有船员就位应急。"沉重的铁锚拔起了。

就在这个时候，距船左舷约一公里的两座大冰山发生更大面积崩塌。伴着隆隆声，覆于冰山顶部的积雪，随着冰山的翻滚，扬向空中，如同飘逸的魔女白发遮盖了天空，天色立刻阴了下来。有的巨大冰体扎进海中后，激起海浪十多米高。重力加速度，冰体往深海潜行。它毕竟不是石块，当它潜到一定深度，巨大的浮力又使它快速上升，随着海面突突翻花，吉普车大小的冰体猛地蹿出海面。

为了安全，船员们时时绷紧神经。不仅要防止随时发生的冰山崩塌危及船体，还要防止考察船与冰山相撞。

南极也有绿洲

千里冰封的南极洲也有绿洲，你相信吗？1974年2月末的一天，一架美国飞机在南极大陆的南印度洋沿岸上空飞行，突然，领航员班戈惊呆了。他发现飞机下面有一片无雪的土地，高高的冰墙围绕着山谷，像一个扇形的屏风。山谷中没有积雪的土地中间，分布着一些不冻的湖泊，给这个白色的冰雪高原带来了无限生机。这就是南极洲有名的班戈绿洲。所谓绿洲，并非是郁郁葱葱的树木花草之地，而是南极探险家、科学家由于常年累月在冰天雪地里工作，当他们发现没有冰雪覆盖的地方时，不禁倍感亲切，便将这些地方称为南极洲的绿洲。南极绿洲占南极洲面积的 5%，含有干谷、湖泊、火山和山峰。按照这个定义，在南极可称作绿洲的有班戈绿洲、麦克默多绿洲和南极半岛绿洲。

班戈绿洲的面积大约有 500 平方公里，常年刮风，吹起的沙石、雪粒，把岩石表面琢磨成许多很小的窟窿，像蜂窝一样。铺在地面的砾石，表面有一层光泽如漆的暗棕色外壳，这是溶解在水中的盐类慢慢地在岩石表面凝聚起来的结果。在这个绿洲中，有一些沙丘，沙丘间的谷地有的干燥，有的积水成湖。较深的湖，水质不太咸，湖水清澈，晴天闪出天蓝色的光泽。较浅的湖，泛出淡绿色的或褐绿色的光彩，湖水很咸，苦涩难耐。在那些干燥的丘间低地或沙丘的斜坡上还结成一层白色的盐霜，像刚刚下过一场小雪。这些盐霜和湖中的咸水，没有相当久远的年代，是无法形成的。

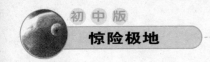
血瀑

　　虽然我们了解地球生命是如何起源和进化，但仍存在着许多未解之谜。比如南极洲冰川上流溢出的血红色"血瀑"。目前，科学家揭开了血瀑的形成之谜。

　　首次发现南极洲冰川上存在血瀑是在 1911 年，但直到近期科学家才发现血瀑研究具有重大意义，它不仅有助于理解地球生命的进化演变，而且还可以帮助科学家进一步探索外星体生存的生命形态。

　　血瀑引起了科学家的浓厚兴趣，对科学家而言，血瀑有助于研究南极冰川完全不同的微生物生命进化演变。长期以来，科学家非常好奇微生物是否能够幸存于冰冻南极洲冰川下湖泊中，但是他们测试水质时发现生命体很难存在于非常厚的冰层中，并且相关的污染物质阻止了任何深入研究的进行。因此血瀑是一种泰勒冰川之下湖泊自然流溢出的盐水物质，它将为科学家提供一个独特的机会观测南极洲冰川之下存在着什么物质。

　　令研究人员惊奇的是，泰勒冰川下的水环境是一种远古时期的"密闭舱"，这里拥有地球上其他环境所无法进化形成的微生物群落。这个冰川下的密闭湖泊被隔离了 150 万 -200 万年之久，许多简单的生命形式都诱捕在其中。冰川下的湖泊并没有氧气，但它孕育了 17 种不同类型的微生物，这种水质含盐分非常高，同时由于含有较高的铁物质，使得水质看上去呈现不同的色彩，当冰川下湖泊暴露在空气中将立即氧化生锈，呈现出血红色瀑布。

挪威北极植物种子库样本已达 50 万种

挪威于 2008 年 2 月在北极地区建成全球首座大型作物种子冷藏库。仅两年多的时间，该库贮存的种子样本数量已达 50 万种。

这些样本来自全球 100 多个国家。冷藏库的目标是储藏 300 万种已知作物的种子样本，以确保重大灾害发生后地球上的作物仍可延续生长。

据管理种子库的全球农作物多样化基金会介绍，最新收藏的样本包括来自哥斯达黎加的一种抗霉菌的野生豆种子、来自太平洋千岛群岛一个熊聚居区的一种不易存活的草莓种子以及美国的一些大豆种子。

这个名为斯瓦尔巴全球种子库的冷藏库由挪威政府出资 300 万美元兴建，位于北极附近斯瓦尔巴群岛冻土地带的山洞里。小麦和土豆等作物的种子冷藏于两个密室里，洞壁涂有水泥。种子的贮存温度保持在 -18℃。

全球农作物多样化基金会负责人卡里·弗莱尔说，种子样本达到 50 万种，对此他感到喜忧参半。他认为，虽然这说明斯瓦尔巴种子库已成为衡量多样性的标准，但它同时也反映出我们的农业体

系脆弱的一面。

斯瓦尔巴全球种子库被称为"植物诺亚方舟",旨在防止植物因天灾人祸而灭绝。据介绍,种子库最多可贮存450万种种子样本,在冷藏库的低温条件下,许多种子可以存活上千年。斯瓦尔巴群岛在挪威本土以北500公里左右,不易受到天灾人祸的影响。

白天和黑夜

请你想象一下:在冬半年里,几乎总也见不到太阳。"一天"的划分,不能从天亮天黑来判断,必须依靠钟表——过二十四小时,就算一天。到了夏半年,太阳又老不落下,天空总是亮的。要是你想等到天黑才睡觉,你就得等半年。

这种奇怪的现象是怎么造成的呢?

这就要回过头去说南极圈了。

你已经知道,南极圈是在南纬66°33′。为什么要把南极圈定在这个纬度上呢?因为这是一条重要的地理界线。

我们生活在北半球的人,都有这样的体验,就是夏天日长夜短,冬天日短夜长,每年冬至白昼最短、夏至白昼最长。越往北走,冬至的白昼越短,夏至的白昼越长。到了北纬66°33′的地方,冬至那天太阳一整天不升起;夏至那天太阳一整天不下山。这些现象,都是地球的公转和自转造成的。

南半球和北半球正相反。北半球的冬天，正是南半球的夏天。在南纬 66° 33′ 的地方，太阳又一整天始终不落下，这一天就是 12 月 22 日。从南纬 66° 33′ 起，越往南走，太阳不落的时间越长。在南纬 70° 的地方，一年中有两个月的时间始终都是白昼；到了南纬 80°，白昼可以延续到一百三十多天；到了南极极点，白昼就是半年了。

"移动"的极点

观测工作年复一年地进行着。到了 20 世纪 70 年代初，那里的工作人员逐渐发现，这个基地的位置发生了变化。也就是说，本来正好设在南极点上的观测站，已经不在极点上了，它向南美洲的方向"移动"了 100 多米。平均每年移动速度约 10 米，每天移动速度不到 3 厘米。

科学站怎么会移动呢？原来，并不是科学站在移动。移动的是它下面的冰层！冰层不停地移动，建在冰层上面的科学站也只好随冰"漂流"，越走离极点越远，因此不得不考虑重建新站。这次，新站没有建在极点正上方，而是建在极点附近。预计几年以后，由于冰层的移动，可以使观测站"走"到极点上。即使这样，这个新

站也只能用十多年。

这个事例说明了，南极冰盖处在不停的运动之中，即使在南极大陆的腹地，冰盖也在缓慢地移动着。为什么冰盖会移动呢？

高山上的冰川挂在倾斜的山坡上，它受到地球的重力作用，会向下滑动。南极冰盖下面的地形有高有低，崎岖不平，它移动的情况，和高山冰川不完全相同。

冰是一种具有一定可塑性的固体，就是说，在一定的压力下，可以改变自己的形状，就像一块刚刚出锅的年糕，时间一长，就向四周"塌"下去，也就是发生了移动的现象。

当然，冰不像年糕那样软，不那么容易变形。但是，南极冰盖受的压力真是太大了。我们知道：每一立方厘米冰重约零点九克。尽管南极冰盖的冰比重比一般冰的比重略小，但是，几千米厚的冰层所产生的压力还是十分巨大的，在指甲盖那么大的面积上，承受的压力要达到几百公斤！

在这样强大的压力下，冰就会像年糕一样，不顾下面地形的起伏，缓慢地从中央向冰盖四周移动。降雪又不断地压在冰盖上，使它的压力不致减少，冰盖的移动也就每年不停地进行着。它的速度一般是每年几米到几十米不等。

到目前为止，南极各地几乎都有了人类的足迹。科学家已经测量出南极冰盖在不同地区的移动情况，并且把这些数据放进计算机里处理，作出了整个南极冰盖的流动速度图。它告诉我们，南极冰盖的运动中心大致在南纬 81°、东经 78° 的地方。这里冰盖的海拔高度超过四千二百米。南极冰盖就从这里出发，移向四面八方。

南非南部和澳大利亚南部，都和南极连接着吗？

有人说，地球上各种岩层就是一本巨大无比的百科全书。岩层中埋藏的各种各样的化石就是这本大书中的奇特文字。这些文字，有专门知识的科学家就能读懂。

可是，有时候地层中并没有化石。这也不怕，岩层本身也是一种"文字"。

比如，在南极大陆的崇山峻岭中间找到的冰碛岩，也为大陆漂移说提供了证据。

什么叫冰碛岩呢？

冰碛岩是冰川移动的时候，夹带的岩石和泥土堆积成的一种岩石。巨大的冰川，沿着山各或斜坡缓缓地流动，就像一个巨型的推土机，具有无比巨大的力量。它剥蚀着下面的和两侧的岩石和泥土，把它们掘出来，统统带到冰体的内部，一起流动。这些夹带在冰体内的石块，彼此摩擦着、挤压着，在岩块表面上刻出一条条深深的擦痕。

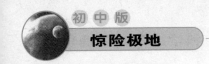
后来，冰川消融了，混在冰体中的杂七杂八的岩块、碎石、沙砾和泥土，一股脑儿地堆积下来，成为岩石。各种沉积物，杂乱无章地堆在一起，很难找到明显的层次，这就是冰碛岩的特征。

冰碛岩中的岩块表面上的擦痕，还可以告诉我们，冰川从哪儿来，流向哪儿去。1960年，一支地质考察队在南极横断山脉中段一座山峰的悬崖上，发现了冰碛岩。

这里的冰碛岩，堆积得有200多米厚，上面覆盖的砂岩和页岩中，含有舌羊齿植物的化石；冰碛岩下面，是更古老的地层。

这样的冰川遗迹，在南极分布得十分普遍，整个横断山脉到处都可以找到。有的地方冰碛岩竟有1100米厚。可见，形成这些冰碛岩的冰川规模非常大。

也许你会说：南极这块地方本来挺冷，发现冰碛岩不是一件很平常的事吗？

在南极发现冰碛岩，似乎不值得奇怪。但是，如果把这件事和另外的一些发现联系在一起考虑，那就确实奇怪了。

原来，在南极发现冰碛岩以前，人们早就在南非、澳大利亚等地方发现了同样的冰碛岩。测算这些冰碛岩生成的年代，和南极大陆上的冰碛岩一样古老，都是生成于距今二亿七千万到三亿年之间。这些冰碛岩分布很广，说明当时这些地方的冰川规模也很大。

这就提出了一个问题。

发现这种冰碛岩的大陆，彼此相隔很远，有的在热带，有的在温带，有的在极地。这样说，当时几乎半个地球岂不是都被冰盖盖起来了吗？

那当然是不可能的。大陆漂移说为这个奇怪的现象找到了合理的解释：这些大陆在当时都是连在一起的，并且处在极地附近。所以，这块古大陆的大部分，都被冰覆盖着。这就是这些地方的冰碛岩的由来。

这个解释，同时也解答了另一个问题。

当初，在南非南部和澳大利亚南部发现冰碛岩的时候，科学家们发现这些冰碛岩上的擦痕很奇怪。如果按照这些擦痕来判断，这两块大陆上的冰川，海洋成了大陆上冰川的发源地，实在不可理解。

南极冰碛岩的发现，使这些疑难问题迎刃而解。原来当时南非南部和澳大利亚南部，都和南极连接着。南极大陆才是冰川的真正发源地。巨大的冰川从南极流向南非和澳大利亚，把冰碛岩遗留在这几块大陆上。冰碛岩上的擦痕，也正好说明了古老冰川从南向北的运动。

难以捉摸的天气

即使在南极的夏天，风暴也常倏然而至，把正在野外工作的人

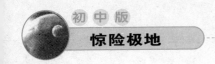

们困在现场，几天不能返回营地。有时候，天气晴朗，风和日丽，一支将要进入内地的探险队即将出发，可是，突然狂风从大陆内地吹来，天空骤然变暗，暴风雪铺天盖地而来，结果原订的考察计划只好中止。

在南极还常常出现这种的情况：狂风卷起满天冰晶，太阳光透过冰晶，反复地反射和折射，形成了日晕现象。有时候，冰晶使天空变成白茫茫一片，看不见远山，看不见地平线，甚至对面看不见人。行进中的考察队员就会迷失方向；开着牵引车的拖拉机手可能把车开翻；在空中飞行的飞机，由于无法靠地物辨别是上升还是下降，可能弄得机毁人亡。人们把这种奇怪的天气现象叫做"乳白天空"。

所以，南极的科学考察队员们一般不单独外出。出去的时候，都要做好在野外露宿的各种准备：带上几天的食物，简易的防寒帐篷，还必须带上无线电收发报机，万一发生意外能跟基地取得联系。

即使躲在营房里，讨厌的天气也使人不得安生。一夜的暴风雪就可以把整个营地埋在一片雪海之中，房门被堵塞了，为了到外边去进行观测，人们不得不全体动员，出动所有的扫雪车、推雪机，忙碌一整天才能清理干净。

注意脚下！

在南极广袤无边的冰盖上，到处都有可能遇到深不可测的裂隙和洞穴。

这些裂隙有的很长，长达几十公里，有的很宽，可以把一幢楼房装下。它们被薄而松软的表层雪覆盖着，使人们很难发现。如果不小心踩在上面，一下子就会跌进冰的深渊。有时候，挂着十几只狗的雪橇和大型的拖拉机，也同样会陷落到冰裂缝中，遭到不幸。

冰裂缝主要分布在南极大陆边缘的冰川地带。在冰架和冰舌的前缘还有一种海豹啃开的冰洞，如果不注意碰上了它，也会使你掉进冰冷的海水里去。

为了预防这些危险，在南极工作的考察队员，走在危险地区的时候，都要用绳子互相连结起来。这样，当一人失足的时候，其他队员可以靠联结的绳索把他从死亡线上拉回来。

绑在脚上的长长的滑雪板也是战胜裂隙的有力武器。早期到南极探险的人员，在许多次危急关头，往往是这种很普通的滑雪板，挽救了他们的生命。现在，虽然飞机和拖拉机可以帮助人们完成艰苦的极地行军，但是在短途旅行中滑雪板还是不可缺少的交通工具。

在冰架或冰舌边缘活动，或者轮船停靠在冰架边缘卸货的时候，即使没有裂隙也要小心。因为，海冰和陆缘冰随时可能裂开，把人

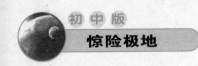

或货物带到海洋里去。

这种不幸事故在南极是常见的。1957年苏联的大型考察船"鄂毕"号正靠在海岸旁的陆缘冰边上卸货。突然狂风大作,结果堆满物资、器材的陆缘冰被海浪冲开,变成了浮冰,向深海漂去。这次事故,使苏联考察队损失了一架飞机、一些拖拉机、拖货的雪橇和大量物资。所以,在冰架边缘宿营是绝对禁止的。

极地病种

但是,南极也有它自己的"地方病"。

最早被人们发现的是坏血病。得了这种病的人,开始感觉疲乏,关节疼痛,呼吸短促,然后体重逐渐减轻,面色苍白,四肢浮肿,牙齿也变得又松又脆。到了最严重的时候,就引起体内、体外出血不止,以致死亡。

19世纪,在猎捕海豹和鲸的船上常常发现这种疾病。但是,人们不知道造成坏血病的真正原因。因为他们长期食用冻肉、腌鱼之类不新鲜的食物,于是就推测,一定是在腐肉中有一种"尸毒",引起了这种可怕的病。

现在人们已经知道,根本就没有什么"尸毒"。这种病是由于长期吃不到新鲜蔬菜和水果,人体内部严重缺乏维生素C造成的。

坏血病实际上就是维生素 C 缺少症。只要吃一些普通蔬菜——卷心菜、西红柿、马铃薯，就能把病治好。

现在，南极考察人员的食谱都是经过营养学专家们精心安排的。坏血病已经成为历史了。

南极还有一种十分常见的疾病，那就是风湿症。以前，人们长期住在阴冷、潮湿的木棚里，这种疾病几乎无法避免。现在南极科学站的居住条件已经得到很大改善，患风湿症的病人也少得多了。

现在，各种疾病都有了有效的预防和治疗方法，在南极工作的人员基本上摆脱了疾病的折磨。

但是，漫长漆黑的极夜，单调孤独的生活，这种环境对一个刚到南极过冬的人来讲，本身就是一种很大的考验。就是身体相当健康的棒小伙子，也会感到头痛、失眠、气促、心跳，严重的会引起血压降低、食欲下降、体重减轻等。但是，这种情况一般经过几个月就会过去，身体也会慢慢地复原。每当极夜过去以后，太阳又重新回到极地上空的时候，这些症状就会自然消失。

南极实为冰火两重天，2000 年前曾火山大爆发

空中俯瞰白色的南极大陆，这里贮存着全球 90% 以上的淡水，但南极大陆下其实是"冰火两重天"，大陆西部大冰原靠近地壳裂

缝，有迹象显示近年岩浆活动有上升趋势。

2004—2005年间，英国南极考察处成员在空中使用雷达探测南极大陆，以了解冰层以下的地形。结果，他们在西部大冰原的哈德孙山冰层下意外发现一块在雷达上呈现不规则反应的区域，面积约为2.3万平方公里。区域中心的冰层下，矗立着一座海拔约1000米的岩石山。研究人员认为，这就是那次喷发"主角"。从冰层厚度判断，那一幕发生在距今大约2200年前，即公元前207年左右，误差范围约为前后240年。

英国南极考察处成员、报告主要作者哈格说："南极冰层下的火山爆发本身就独一无二……我们认为这是南极过去1万年间最大的一次火山喷发。"

此番冰下火山现身，让人们重新审视冰层融化的原因。英国南极考察处成员戴维说："或许火山的热量也是冰层融化加速的原因之一。"但他强调，最主要的原因仍是全球变暖。

南极十大世界之最

南极洲又称第七大陆，是地球上最后一个被发现、唯一没有土著人居住的大陆。南极大陆为通常所说的南大洋（太平洋、印度洋和大西洋的南部水域）所包围，它与南美洲最近的距离为965公里，距新西兰 2000 公里、距澳大利亚 2500 公里、距南非 3800 公里、距中国北京的距离约有 12000 公里。

南极大陆的总面积为 1390 万平方公里，相当于中国和印巴次大陆面积的总和，居世界各洲第五位。整个南极大陆被一个巨大的冰盖所覆盖，平均海拔为 2350 米。南极洲是由冈瓦纳大陆分离解体而成，是世界上最高的大陆。南极洲有十大世界之最。

1. 世界最寒冷之极

南极洲的年平均气温在 −28℃，大陆内部的年平均气温在 −40℃ ~ −60℃，最低气温达 −89.6℃，是 1983 年 7 月在南极冰盖高原的东方站测到的，这是目前世界上的最低气温。而北极的年平均气温较南极高 20℃，北极的冬季相当于南极的夏季，南极的冬季就是地球上最寒冷之极。

2. 暴风雪最强之地

南极沿海地区的年平均风速为 17 ~ 18 米 / 秒，阵风可达 40 ~ 50 米 / 秒。最大风速达到 100 米 / 秒，被喻为"世界的风极"，"风暴杀手"。

3. 冰雪量最多的大陆

南极洲的面积约 1400 万平方千米，约为地球陆地总面积的 1/10。南极大陆上的大冰盖及其岛屿上的冰雪量约为 $24×10^6$ 立方千米，大于全世界冰雪总量的 95%。如果这些冰雪量全部融化，全

球的海平面将升高 60 米，世界的陆地面积将有 2200 万平方千米被海水淹没。

4. 最干旱的大陆

南极大陆的年平均降水量为 55 毫米，随着大陆纬度的增加降水量明显减少，大陆中部地区的年降水量仅有 5 毫米。在南极点附近，年降水量近于零，比非洲撒哈拉大沙漠的降水量还稀少。所以，南极是世界上最干旱的地区。其主要原因是固态的冰雪降落在大陆后形成巨大的冰盖，加之极端寒冷的气候和极少的日照量，冰盖的累积量略大于消融量，形成干燥的"白色沙漠"。

5. 平均海拔高度最高的大陆

众所周知，世界五大洲的平均海拔高度依次是亚洲 950 米，北美洲 700 米，非洲 650 米，南美洲 600 米，欧洲 300 米。而南极洲的平均海拔高度是 2350 米。那是由南极大陆上巨大而厚的大冰盖所致。冰盖的平均厚度为 2200 米，最大厚度达 4800 米，使南极大陆的平均海拔高度达到 2350 米，居世界之首。

6. 最荒凉孤寂的大陆

南极大陆是世界上至今唯一没有常住居民的大陆。只有一些南极考察国家的科学考察人员短期的在南极工作，每年约 2000 人左右。大陆四周被大洋包围，极端的低温和恶劣的气候环境，大陆上仅有低等植物苔藓、地衣、企鹅、海豹等适应南极极端恶劣自然和生态环境的本地动植物。南极称得上是地球的洪荒之地和最荒凉孤寂的大陆。

7. 最长昼夜的大陆

在地球的南北极圈内会出现半年是白天，半年是黑夜的奇特现象，人们称之为极昼和极夜。极昼和极夜是仅在南北极高纬度地区出现的一种高空物理和天气现象，是随着纬度的增高而变得明显。它是由于地球的自转轴与地球围绕太阳运转轨道平面之间造成的。

8. 最洁净的大陆

由于南极大陆至今没有常住居民，更没有工业废物污染，少许的科学考察人员和旅游者的人为影响也是有限的。所以，南极大陆至今仍是原始生态、洁白无瑕的冰雪世界、真正的世界野生公园和最洁净的大陆，也是科学实验最理想的圣殿。

9. 海洋生物资源最丰富的地区

南极地区蕴藏有丰富的矿产资源和能源，特别是南大洋中的海洋生物资源尤为丰富，例如海豹、鲸、鱼类和富含高蛋白的南极磷虾资源。据 1980-1990 年的 10 年间，两次国际南大洋海洋生物资源调查获悉，南大洋中蕴藏有 15 亿吨的磷虾资源，是地球上海洋生物资源量最丰富的地区。除了南极生态系统自然摄食和消耗外，人类每年可从南大洋捕获 1/10，即 1.5 亿吨的磷虾资源量，而不会影响南极的生态系统平衡。这一捕获量相当于全世界海洋水产品的

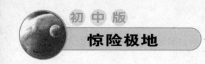

2 倍。所以，人们将南极磷虾资源喻之为人类取之不尽、用之不竭的蛋白资源仓库。

10. 臭氧耗损最为厉害之地

英国科学家 1985 年首次报道在南极上空发现了臭氧空洞。研究表明，南极大陆大气中臭氧含量的明显减少始于 20 世纪 70 年代末，并于 1982 年 10 月首次出现了臭氧含量低于 200 个臭氧单位的区域，形成了臭氧洞。通常，在南极上空臭氧洞于 9 月下旬开始出现，在 10 月上旬臭氧洞的深度达到最深，面积达到最大，于 11 月底 12 月初臭氧量迅速恢复到正常值。20 世纪 90 年代以来，南极臭氧洞持续发展，臭氧洞最大覆盖面积达到 24×10^6 平方千米，面积相当于墨西哥、加拿大和美国领土面积的总和。南极臭氧洞的出现提醒人们，大气臭氧层——地球上一切生命的天然保护伞正在受到严重的破坏。

（二）各国为什么对南北极兴趣这么大

飞机的轰鸣划破极地寂静的天空，科考船只往来穿梭；冰盖之上，蹒跚着石油大亨的身影；海面之下，出没着各种潜艇……

或觊觎南极和北极丰富的资源，或着眼于全球战略的谋篇布局；又或出自于真正的科考目的，以及仅仅是为了探险好奇……一百多年来，人们把目光投向了亿万年孤绝沉寂的南北极。持续百年的极地之争，在全球化时代显现出许多新的特征，新的趋势。"政治入侵极地"，正在成为人类面临的现实——极地皑皑冰雪之下，涌动着21世纪各国角逐的暗流。

南北两极与人类生存

一说到地球的两极，人们首先想到的会是遥远，寒冷，荒凉，危险，可怕的气候，严酷的环境，奇特的居民，凶猛的动物……因而谈及色变，望而却步。然而，唏嘘之余，又会释然，觉得那地方远在天边，遥不可及，与我们没有什么关系。这实在是大错特错了。

如果没有两极，海洋将成为死水一潭，大气将凝固不动，热的地方可能会热到几百度，冷的地方可能会冷到零下几百度，没有雨雪，没有阴晴，不仅人类难以生存，其他生物也将处于水深火热之中。

人类之所以进化至今，繁衍生息，正是因为地球上有适宜的气

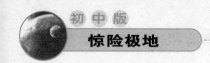

候。地球上为什么会有如此的气候？因为有南北两极。

决定地球气候变化主要有三个方面的因素：一是太阳辐射到地球上的能量的多少；二是地球反射回太空的能量的多少；三是地球自身的大气对流和海洋环流。除了第一个因素之外，后两个因素都与两极有着密切的关系。据推算，太阳辐射到地球上的能量如果增加1%，所有的海洋就会沸腾；如果减少1%，所有的海洋就会结冰。值得庆幸的是，太阳的辐射是比较稳定的，至少在今后相当长的时间里还将是如此。

所以，我们可以放心大胆地在地球上生活下去。

地球接受太阳辐射来的能量的同时，又把一部分反射回了太空，保持着一种动态的平衡。如果只吸收而不反射，地球表面的气温就会愈来愈高，甚至达到几百度，不用说人类，其他生物也难以生存下去。而在这个过程当中，两极发挥着特别重要的作用。两极的大冰盖，像是两面巨大的镜子，把太阳辐射来的能量，相当一部分又反射回了太空。更加重要的是，如果地球的气候转冷，两极的冰盖就会扩大，反射的能量也就愈多，进一步加速了转冷的进程。相反，如果地球转暖，两极的冰盖就会缩小，反过来又加速了气温的上升。这也就是说，两极对于气候的变化，起到了某种放大作用。

至于大气对流和海洋环流，两极的作用就更加重要了。实际上，地球就像是一部热动力机，热源在赤道，冷源在两极。来自太阳的热量，首先把赤道地区的大气加热。加热的空气因膨胀而上升，并向两极分流，在那里冷缩之后下沉，再从地面吹回赤道，这就形成了大气对流。与此同时，阳光还把赤道地区的海水加热，加热后的海水从表层流向两极，冷却之后，再从洋底流回赤道，这就形成了海洋环流。正是因为大气和海水的不断对流和环流，才把赤道地区的水分和热量，源源不断地向温带和寒带运送，因而有了风雨阴晴，维持着地球上这种适宜的气候和舒适的环境。如果没有两极，海洋将成为死水一潭，大气将凝固不动，热的地方可能会热到几百度，冷的地方可能会冷到零下几百度，没有雨雪，没有阴晴，不仅人类难以生存，其他生物也将处于水深火热之中。

从头到脚的资源诱惑

2007 年初，当美国《福布斯》杂志公布 2006 年世界十大旅游胜地排行榜时，人们没有想到，南极，这个人们既熟悉又遥远的名字，竟然出人意料地名列第二。

的确，随着奥斯卡影片《快乐的大脚》和《帝企鹅日记》的热播，还有诸多媒体报道的追捧，今天的南极，正成为越来越受人们关注的地方。

两个月后的 3 月 1 日，2007—2008 "国际极地年" 在全世界多

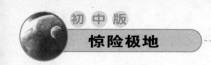

个分会场同时拉开帷幕，这一科学界的"奥林匹克盛会"，吸引了63个国家的5万多名科学家，总投入达2000亿美元之多……

在"南极热"席卷全球之时，人们不禁要问，是什么力量倏然掀起了这股狂潮？

科学家回答：这是一场"战争"，谁丧失了南极这个"主战场"，谁就丧失了21世纪后半叶到22世纪的资源发展空间。

有人曾预言：谁想给未来的世界带来和平与安定，他就必须了解两极；有人则乐观认为：只要部分地开发两极的冰山，不仅能补充人类急需的淡水资源，还能使地球上的沙漠变成绿洲。

两极不仅具有极其重要的战略意义，而且从气候到生态，从资源到环境，都与人类的生存和发展息息相关。因此有人预言：谁要想给未来的世界带来和平与安定，谁就必须了解两极。

人类社会发展到今天，有两种资源处于特别重要的位置，一是石油，是社会运转的动力；二是淡水，是生命生存的条件。但是，由于大量开发和挥霍无度，这两种资源都出现了短缺的趋势。出路何在？人们便把目光转向了两极。

美国最大的油田就在阿拉斯加北极，占美国石油总产量的20%，而且美国正计划在那里再开发一个更大的油田。加拿大和欧洲的北极地区，也有丰富的油气储存。俄罗斯西伯利亚地区的石油和天然气，对于世界的能源危机，特别是我国未来的需求，更是具有潜在的重要意义。所以有人说，中东的石油开采完了以后，下一个能源基地就在北极。

在南极的诸多利益中，资源是各国的重要考虑。20世纪70年代石油危机时期，南极地区发现特大油气田的消息强烈地吸引了全世界的注意力。在七大洲中，没有哪个洲像南极这样"从头到脚"处处是资源，而且资源量常常要以天文数字来计量。

有观点认为，南极石油储量达千亿桶之多，天然气达5万亿立方米，但它们还算不上是南极的能源大户，南极最具代表性的地下能源是冰盖之下和周边海底中的可燃冰，经预测，其埋藏量远远超过了地球上现存的所有化石燃料——石油加煤炭的总和，是能够替代石油或煤炭的清洁能源。

但由于气候恶劣，环境严酷，开采技术复杂，运输路途又很遥远，在可以预见的将来，还不会有人去开发那里的资源。但是，当世界其他地方的石油和天然气开发净尽，而又找不到新的能源时，南极的资源开发是不可避免的。

美国《科学》杂志曾报道，科学家通过研究南极洲古代冰层发现，地球大气中的温室气体浓度已达到65万年来的最高值，全球变暖的趋势已难以逆转。

2006年7月14日，在塔斯马尼亚首府霍巴特举行的一个国际科学大会上，专家们预计，在未来100年内，由于愈演愈烈的全球变暖趋势，被称为"不毛之地"的南极洲将有望长出树木。如果南极洲"山河变色"，届时恐怕就不是一场资源争夺战那么简单了，因为那时的南极，恐怕已经"适合人类居住"！

南极的军事含义

虽然《南极条约》把主权要求冻结起来，但基本矛盾并未解决，如果有一天在南极发现了巨大油田或重要矿产，谁能保证不会兵刃相见？至于北极，更是兵家必争之地，在战略上具有至关重要的意义。

环顾当今世界，虽然激烈的炮火渐渐平息，和平的曙光若隐若现，地球上出现了自第二次世界大战以来战火最少的日子。然而，中东炮火不断，恐怖阴云密布，有谁能够保证，再也不会发生大规模的战争，甚至世界大战呢？也许有人会说，即使发生战争，与南极北极也没有什么关系。实际恰好相反。

南极大陆是地球上硕果仅存尚未被人类瓜分和占领的土地，

▲ 企鹅排队走过中山站。

在法律上，可以说是一块无主地。但是，这种状态能持续多久呢？特别是，当其他地方的资源都已枯竭，而又没有新的能源可以代替时，南极的资源必将具有更大的吸引力，马岛战争就是一例。马尔维纳斯群岛位于南大西洋，属于亚南极，因为距阿根廷最近（550公里），所以阿根廷声称对其拥有主权，但长期以来却一直被英国人所占领，称为福克兰群岛，虽有如此争议，却能相安无事。直到后来在附近海域发现了丰富的石油储存，结果导致了1982年的马岛战争，双方损失都很惨重。实际上，20世纪40年代初，因为智利、阿根廷和英国对南极提出的主权要求互相重叠，曾经一度剑拔弩张，非常紧张。现在，虽然《南极条约》把主权要求冻结起来，但基本矛盾并未解决，如果有一天在南极发现了巨大油田或重要矿产，谁能保证不会兵刃相见？

北极的战略意义

第二次世界大战期间，北冰洋第一次显示出其重要的战略意义，西方的援助物资，有相当大一部分都是通过北极源源不断地运进了当时的苏联，并在那里与德国法西斯展开过激战。二战结束以后，热战变为冷战，北冰洋又变成了美苏对抗的最前线。为了互相监视，两个超级大国都在北冰洋沿岸建起了严密的雷达预警系统。

20世纪80年代以前，美国和苏联从核潜艇上发射的导弹，射程只有 4000 千米，只有靠近对方才能击中目标。因此，双方的核潜艇必须在海上四处游弋，以便随时发动攻击。但是，核潜艇在水下游动很容易被卫星发现和声呐跟踪，难以逃过敌方的眼睛。到了 20 世纪 80 年代后期，双方核潜艇上的导弹射程均已超过 8000 千米。两个超级大国都把自己的核潜艇放到了北冰洋的冰下，上有冰层覆盖，卫星侦察不到，而浮冰不断破裂的巨大噪声，使得声呐系统也无法跟踪，既隐秘又省钱。一旦战争爆发，随时可以作战，北半球所有目标都在其射程以内。因此，北极又被战略家们称为地球的"制高点"。

2002 年 6 月 13 日，美国正式退出了 1972 年与前苏联签订的《反弹道导弹条约》，布什政府立刻下令，在阿拉斯加亚北极地区修建 6 个导弹拦截器地下发射井，以建立美国的导弹防御系统，使得北极在全球战略上的重要性大增。

（三）各国的行动

> 寒冷的两极地区海底蕴藏着丰富的石油、天然气以及矿产资源，各国对两极地区的争夺日趋激烈。北冰洋沿岸的加拿大、俄罗斯、美国、丹麦和挪威等国纷纷采取在北冰洋海底插旗、绘制海床地形图等行动来宣示自己对这一区域拥有主权。南极，也成为争夺的焦点。各国争先恐后，甚至不惜采取外交手段和军事力量。

英国率先打响南极之争

英国跟南极有着"不解之缘"，早在 1772 年，英国的探险家库克驾船环南极航行，拉开了南极探险的序幕。而该国对于南极主权的争夺更是一直没有中断过。

据公开资料显示，英国第一次对南极宣示主权是在 1908 年，以正式纳入"皇家专利证"的形式提出对南极的主权要求，并于 1917 年作为"英属地"。后来越来越多的国家加入南极主权争夺队伍中来，从 1917 年到 1946 年间，新西兰、澳大利亚、法国、挪威、智利、阿根廷纷纷宣布各自的南极主权。

英国在南极大陆的领土要求，包括位于 20°E～50°E 之间、50°S 以南所有的 58 个岛屿和陆地，以及位于 50°E～80°E 之间、58°S 以南所有岛屿和陆地。这一区域的顶点位于南极点，并延伸

出占地面积约为 172.5 万平方公里的三角形区域，其中建有两座永久性科考站。

可是，其中有些国家主张的领土重叠，争执很大。为了缓和对南极领土要求所产生的矛盾，经过多次协商，于 1959 年 12 月 1 日，12 个国家 (阿根廷、澳大利亚、比利时、智利、法国、日本、挪威、新西兰、南非、英国、美国和苏联) 的政府代表签订了《南极条约》。该条约规定"冻结各国对南极地区的领土要求和禁止提出新的领土要求"。

这一"冻结"原则，是指既不承认、也不否定现有的主权要求。而有关不准对南极洲提出新的领土主权要求的原则显然有利于 1959 年之前已提出主权要求的"既得利益"国家。

此外，《南极条约》只是暂时冻结了各国的领土主权要求，附属于领土的诸如大陆架等方面的权利则没有界定。英国现在就是在利用《南极条约》的漏洞，根据《联合国海洋法公约》谋求南极领土之外的权利。

尽管英国明确声明将严格遵守《南极条约》，但它对大陆架资源的要求肯定会激起新一轮的南极资源争夺战。

20 世纪 70 年代，世界能源危机使得南极丰富的资源进入人们的视线，世界各国纷纷展开对南极的资源调查，为抑制日益突出的资源争夺战，经过各国多年的争论，终于在 1991 年达成了《关于环境保护的南极条约议定书》，该议定书第七条规定：50 年以内任何与科学研究无关的矿产资源活动都予以禁止。

尽管如此，但有些国家在"科学考察与环境保护"的名义下，一直从事着矿产资源的考察与勘探活动。

英国南极圈地索要海床主权

由于地球能源危机愈演愈烈，各国针对极地的"圈地"运动也在或明或暗地紧张进行。一边是环北冰洋五国对北极地区的争夺正酣，而另一边一些国家染指"资源宝库"南极大陆的欲望也与日俱增。据悉，英国外交部已向联合国提出申请，要求获得对南极洲 100 万平方公里海床的主权。

若得偿所愿，英国将拥有从南极洲向外延伸 350 海里的大陆架海床的石油、天然气和矿物勘探与开采权，涵盖土地面积达 100 万平方公里。

除了南极洲的大片海床，英国还把灼热的目光投向了另外几片资源丰富的海域，包括位于南大西洋的南乔治亚岛和福克兰群岛周围海床、阿森松岛周围海床以及苏格兰西岸的哈顿—罗尔卡盆地海床。英国还与法国、爱尔兰和西班牙共同向联合国提出了对北大西洋比斯开湾大面积海床的主权要求。

多国对南极有主权要求

早在 1908 年至 1947 年间，英国、新西兰、澳大利亚、法国、智利、挪威和阿根廷 7 个国家依据所谓的"发现论"、"占有论"、"扇面论"等理论，先后对南极洲领土提出主权要求，而美国和前苏联也再三申明保留对南极洲提出领土要求的权利。这些领土要求的纷争，致使南极大陆成了多种矛盾的焦点。

1959 年，阿根廷、澳大利亚、英国、美国等国签订了《南极条约》，条约 1961 年生效，冻结了各国对南极的领土要求并禁止提出新的领土要求。但条约也认为："本条约不得解释为缔约方放弃在南极原来所主张的领土主权权利或领土要求"，同时，条约也没有对大陆架的权益作出规定。英国目前准备做的，就是根据另一部国际公约，即《联合国海洋法公约》来谋求南极领土之外的权益——大陆架，而对大陆架的主权要求，必然引发对陆地主权的认定与争夺。

与 1959 年相比，现时的科技水平有了飞跃性的提高。当年谜一样的南极，如今已经越来越被科学家所了解，南极及周边海域的资源也被逐步探明。南极主权之争，从当年纯粹的象征意义，变成了今天越来越具备现实的经济意义和战略意义。

这块被冰雪覆盖、几乎寸草不生的大陆，有着非常丰富的矿物和能源储藏。根据目前已有的地质数据测算，在南极大陆及周边海床，煤、铁、石油的储量均为世界第一。其中，南极大陆分布着一个二叠纪煤层，储量约为5000亿吨。在查尔斯王子山脉南部的地层内，有一片目前已知的世界最大的条带状铁矿岩层，初步估算其蕴藏量可供全世界开发利用200年。南极地区的石油储量约500亿～1000亿桶，天然气储量约为3万亿至5万亿立方米。此外，南极大陆上厚厚的冰层，是地球上最大的天然淡水库，总贮冰量为2930万立方公里，相当于全球淡水总贮存量的75％。南极洲沿海生存着大量磷虾，数量远远超过目前全世界的年捕鱼总量。南极很有可能帮助人类解决未来的淡水和食物之困。

对于许多国家来讲，南极的价值不仅仅体现在经济方面，还在于它的军事战略意义。美国的海岸警卫队在南极地区长年驻扎，美国空军长期负责向其南极科考基地提供物资供应，是南极地区最强大的空中力量。智利也在南极设有陆海空军事基地。

毋庸讳言，许多国家对南极提出主权要求的真正目的，并不是为了真正保护地球上这块残存的处女地，而是看中了这一地区丰富的资源和战略地位，而能源、资源紧缺，更使这些国家感到"时不我待"。但需要看到的是，随着经济全球化的推进，国家间的政治、经济利益联系日益紧密，诸如能源短缺、气候变暖之类的问题需要国际社会去共同面对，共同解决，而以"跑马圈地"的方式独霸一方、坐享其成的想法早已不合时宜。实际上，《南极条约》已经指出，为了全人类的利益，南极应永远专为和平目的而使用，不应成

为国际纷争的场所和对象。倘若有关国家不尊重甚至违背条约的这一宗旨，冰冷的南极就难免要变成火热的战场了。

智利紧跟英国"染指"南极

南极的美丽令人向往，南极的富饶也让很多国家垂涎。如今，一场围绕南极领土权利的争夺战将再度打响。在英国率先表示将向联合国提出对南极的领土要求后，智利也打算如法炮制。

智利外交部发表声明表示，智利保留在南极海床问题上的"权利"，并指出其他国家"不应影响智利在南极领土和海域的权利"。智利部分议员认为，智利政府应继续加强在南极的存在，并与提出南极领土要求的国家就南极主权问题举行一次特别会议。

美军战略运输机飞临南极

就在俄罗斯、美国、加拿大、挪威等环北冰洋国家围绕北极的争夺愈演愈烈之际，南极的上空也不时迎来美军的飞机。美国的C—17"环球霸王"战略运输机完成了飞往南极的"深冻—2007"飞行任务。分析认为，这种训练对于美国空军"全球打击"战略具有特别意义。

美国《空军时报》报道，驻扎在华盛顿州麦科德空军基地的第

304 远征空运中队的机组人员，驾驶着 C—17 运输机向南极的麦克默多考察站提供人员和物资补给。实际上，美军大型运输机向南极洲的科考队伍提供后勤支持早在 1955 年就已经开始，此后美国空军的运输机都会在每年七八月当地冬季的时候飞临南极上空。

据执行过这种飞行任务的美国空军飞行员介绍，在飞行过程中，遭遇到的最大挑战就是低温严寒。冬季时，南极的气温保持在 -40℃左右，还常伴随有大风天气，这对飞机发动机的性能以及空乘人员的驾驶技术提出了很高的要求。而美国空军方面常年坚持此项飞行任务，除支持国家的科考活动外，更重要的是对部队进行恶劣气象条件下的训练，特别是随着美国空军提出"全球到达、全球打击"的战略之后，这种飞越南极的训练活动就具有特别的意义。

南极资源纷争加剧

南极大陆是地球上唯一没有主权归属的陆地，蕴藏着极其丰富的矿产资源和能源。

目前，世界主要国家都借 2007—2008 第四次"国际极地年"的契机，大幅增加对南极的投入，争先恐后提出设立"南极特别保护区"，南极的资源纷争变得更为复杂、隐蔽和尖锐，但表现形式却更加科学化、外交化和法律化。目前世界各国对南极资源的纷争

主要表现在三个方面：

一是领土要求国与非领土要求国之间的纷争。经济、科技发达的国家对南极的领土和资源的欲望从来没有减弱过，千方百计染指南极大陆，独霸南极资源。他们从各自的利益出发，曾提出过所谓的"发现论"、"占有论"、"扇面论"等理论，为在南极地区的利益分配寻找依据。在这些所谓的"理论"驱使下，已有英、阿、智、挪、法、新、澳七国瓜分南极的领土主权要求，美国也一再声称保留自己对南极有主权的要求。

因此，多国对南极的探险活动，一开始就带有很强的疆土扩展、资源掠夺的政治色彩，使南极问题成为国际事务的热点和焦点，而南极资源又成为首当其冲的争夺对象和目标。

南极条约国曾磋商争论 11 年，在 1998 年惠灵顿会议上通过了《南极矿产资源活动管理公约》，但最终因许多国家政府拒绝签字而夭折。取而代之的是 1991 年在马德里会议上签署的《关于环境保护的南极条约议定书》。尽管全面禁止南极的矿产资源活动 50 年，但有些国家在"科学考察与环境保护"的名义下，一直从事着矿产资源的考察与勘探活动。主权问题是牵制解决南极资源问题的关键环节，今后，如果《南极矿产资源活动管理公约》实施，主权问题仍将不可避免。

二是发达国家与发展中国家之间的纷争。由于发达国家和发展中国家在政治、经济等多方面发展不平衡，一旦发达国家掌握了开发南极资源的技术手段，而发展中国家不具备这种能力，只能眼睁睁地看着别人获取资源。就如现在进行外层空间研究一样，发达国家如美国、俄罗斯等国掌握了这种技术，实际就是占领了外层空间，而且还符合有关国际法，在南极也会出现类似的情况。

三是南极条约国与非南极条约国之间的纷争。非南极条约国也就是南极条约体系之外的大多数发展中国家，他们将南极类比于外层空间和国际海底区域，从而要求将人类共同继承财产的概念适用于南极及其资源。

这里也有两种主张：一种是在保留现存的南极条约体系的条件下扩大发展中国家对南极事务的参与机会，建立一种南极国际法律制度，并允许所有国家在平等的基础上，而不管地理位置如何，均充分享受南极资源和在这一地区所取得的科学和技术研究成果；另一种是认为由一个全球性的国际机构来管理南极，并最终取代现存的南极条约体系，认为南极勘探和开发的未来制度应在联合国的主持下建立。《南极条约》所规定的成为协商国的条件，限制了发展中国家参与南极事务的决策，从而使该体系成为"富人的俱乐部"。他们认为，国际社会的所有国家应该在平等的基础上参与南极事务。

上述纷争将长期存在下去，直接影响到今后南极资源的开发和利用。虽然目前在开发利用上还存在诸如领土争议、环境保护、技

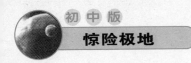

术开发能力等诸多问题，但随着地球上人口膨胀、能源危机的发展，富饶的南极资源迟早要为人类利用。从 20 世纪 70 年代中期开始，人类的南极活动逐渐从纯科学研究向资源开发和利用的研究过渡。对于某些国家来说，南极"研究"就相当于"资源勘探"。

南极的明天

南极的严寒、狂风、冰雪等各种极为不利的自然条件，在今天来说，还是对人类的莫大威胁。也许时过不久，人们就会有更多更好的办法来对付它们。这一点，只要回顾一下短短几十年的南极考察历史就可以明白。在 18 世纪，海上的交通运输工具只是帆船，人们要想进入南极是极其困难和危险的。可是今天，在破冰船的引导下，夏季在南极海区航行几乎可说是畅通无阻。

要是用飞机，那就更方便了。从新西兰南岛上起飞的远程运输机，只要几个小时就可以飞到目前南极最大的科学考察基地——美国的麦克默多站。

夏天，这条航线相当繁忙，来自各国的上百名科学家和成千吨货物，都是通过这条航线直飞南极的。

从麦克默多站到南极极点的阿蒙森—斯科特站，飞行时间只要三小时。而仅仅在六十多年前，阿蒙森和斯科特为了到达南极极点，花费了几十天的时间，斯科特还付出了生命的代价。

科学技术的发展，使人类征服南极的步子越迈越大。何况，南极特异的自然现象和丰富的资源，有着强烈的吸引力。

南极是一块"宝地"。且不说那里丰富的鲸、海豹、磷虾等生物资源，就说南极的地下，那实际上是一个"宝库"。南极的大陆架，储藏着大量的石油和天然气；在南极横断山脉里，埋藏着大量的煤。南极大陆上，铁的蕴藏量也十分丰富，单是印度洋海岸发现的一处铁矿，据说开采出来就够全世界用二百年。其他矿藏还有铂、镍、铜、铬等。有人还进一步提出：南极和南非、南美最初是连在一起的，它们的地质构造很相似，所以，南极很可能像南非一样，有丰富的金、金刚石和铀，也很可能像南美一样，有丰富的有色金属矿如铜、银。

由于条件的限制，到目前为止，人类对南极资源的了解还很不够。如果要开发，更需要做艰苦的努力和大量的资金。另外对南极的开发还牵涉到国际间的复杂关系。因此，在最近的将来，南极的资源开发工作还不会开始。

南极还有巨大的科学价值。

南极是目前世界上唯一保存着"自然真面貌"的大陆。那里的环境基本上没有受到人类活动的影响，那里的空气和冰雪，也没有受到大工业的污染。

要了解自然界的本来面目，研究地球的过去、现在和将来，南极就是一个理想的"天然实验室"。

随着科学技术的发展，沉睡千百年的南极大陆总有一天要为人类做出巨大的贡献。

南极的明天，是属于世界人民的！

（四）附：中国的历次南极科考

1.中国南极考察队首次踏上南极

1984年11月20日，中国首次南极考察编队由上海国家海洋局东海分局码头起航，编队由两船、两队组成——国家海洋局"向阳红10"号远洋综合考察船（115人），船长张志挺，政委周志祥；海军"J121"号打捞救生船（308人），船长于德庆，政委袁昌文；南极洲考察队（54人），队长郭琨；南大洋考察队（74人），队长金庆明。全编队总共591人，分别来自全国的60多个单位。总指挥陈德鸿，副总指挥赵国臣、董万银。

同年12月26日抵达南极洲南设得兰群岛乔治王岛的麦克斯韦尔湾。12月31日，南极考察队登上乔治王岛，并举行长城站奠基典礼，第一面五星红旗插上了南极洲。

1985年2月20日，中国南极长城站胜利建成，以国家南极考察委员会主任武衡为团长的代表团出席了长城站落成典礼，乔治王岛上的阿根廷、智利、巴西、苏联、波兰、乌拉圭等国的南极站站长、科学家和美国"公主"号考察船船长等出席了长城站落成典礼。

南极洲考察队、南大洋考察队完成了陆上和海上科学考察任务。于 4 月 10 日回到祖国。1985 年 4 月 4 日—11 月 25 日，以颜其德为队长的 8 人越冬队首次在长城站越冬。

2. 中国第二次南极考察

1985 年 11 月 20 日—1986 年 3 月 29 日，国家南极考察委员会组织实施了中国第二次南极考察。考察队离京前，受到了中央书记处书记、国务院副总理李鹏，国务委员康世恩的接见。第二次考察队共 42 人，其中包括智利科学家 2 人、中国香港摄影师 1 人（李乐诗）和香港《文汇报》记者 1 人（阮纪宏），队长高钦泉。

第二次考察队是乘飞机经美国、智利抵达长城站的。第二次考察队建设了长城站通讯房并安装了卫星通讯设备。20 名科研人员进行了地质学、地貌、高空大气物理、地震、地磁脉动、生物学、气象学、海洋学、冰川学、天文学、大地测量和固体潮的考察或观测。获得了一批新的标本和数据。

1986 年 3 月 30 日—1987 年 1 月 2 日，以李振培为队长的 12 名越冬队员留在长城站，进行了多学科的考察和观测。

3. 中国第三次南极考察

1986 年 10 月 31 日—1987 年 5 月 17 日，中国第三次南极考察队（90 人）和"极地"号考察船（38 人）组成的考察队实施了中国第三次南极考察活动。总指挥钱志宏，副指挥郭琨、马荣典，考察队队长由郭琨兼任。

第三次考察队扩建和完善了长城站，新建了发电房、科研栋、医疗文体栋、气象栋、避难所、油库、气象观测场，架设了供水和排污管道，改善了通讯系统，安装了路灯、路标

▲ 南极考察站需要用到的装备。

和方向标，加固了码头，建立了垃圾焚烧场。第三次考察队的科学考察活动由陆上考察、南大洋考察和环球海洋考察三部分组成。

4. 中国第四次南极考察

1987 年 11 月 8 日—1988 年 3 月 19 日，中国组织实施了第四

次南极考察活动。

　　第四次南极考察队共 40 人，队长贾根整。考察队从北京乘飞机抵智利的彭塔阿雷纳斯市，然后换乘智利空军飞机到达长城站。第四次考察队对新建的科研栋和医疗文体娱乐栋进行了内装修，并对站上的运输工具和发电机组进行了维修保养。

　　此次南极考察的科学考察工作，包括 12 个学科 35 个课题。冰川学、地貌学和生物学是这次考察的重点学科。冰川考察以纳尔逊冰盖为对象，对其冰体运动、物质平衡、成冰作用、冰层温度等进行了综合调查研究。地貌学科组足迹遍布菲尔德斯半岛、阿德雷岛、无名岛和纳尔逊岛露岩区，布设了一批测点，确认该冰川的发育条件和演变过程，提出了该地区冰缘地貌过程的周期变化规律。通过观测和研究，推知该地区年上升率为 6mm。生物学组对菲尔德斯半岛潮间带及其附近浅海生态系的调查研究，取得生物样品 530 号，初步鉴定出 30 多种海藻、120 多种海洋动物。他们提出了南极潮间带及浅海的食物链以帽贝、黑背鸥、硅藻为中心的论点。经过对南极贝类、多毛类生殖发育及变态的研究，发现了适应南极环境卵胎生新现象。除重点学科外，新开展的古生物地层、人体生理学以及长城站的常规观测均较好地完成了预定任务。

　　1988 年 3 月 19 日—11 月 14 日，以秦大河为队长的 16 人越冬队在长城站越冬并进行冬季科学考察。

5. 中国第五次南极考察

中国第五次南极考察由中国首次东南极考察和长城站区考察两部分组成。

1988 年 11 月 20 日—1989 年 4 月 10 日，国家南极考察委员会组织了中国首次东南极考察队赴东南极大陆建立中山站和科学考察。考察队由来自全国 30 个单位的 116 名人员组成，其中考察队员 76 名，"极地"号船员 40 名。总指挥陈德鸿，考察队队长郭琨，"极地"号船长魏文良。

首次东南极考察的主要任务是在东南极大陆建立考察基地——中国南极中山站。"极地"号 1988 年 12 月 23 日驶抵东南极的普里兹湾，1989 年 1 月 14 日到达离岸 400 米的冰海区时，遇到连续三次发生的巨大冰崩，1 月 21 日方脱离险境。1 月 26 日举行了中国南极中山站奠基仪式。2 月 26 日，建成中山站并举行了落成典礼。

测绘学：完成建站施工放样测量，建立了中山站区的测绘坐标系统、高程系统，完成了站区 1∶2000 地形图的测绘、中山站建筑物沉降监测、陀螺经纬仪定向精度探讨等；

地质学：进行了野外地质考察，测制了岩石地层剖面，系统地采集了岩石样品；

环境学：从总体上认识了半岛地形地貌特征，观测并发现了大量古冰川活动和侵蚀作用痕迹，采集了不同环境景观单元中的大气、岩石、泥沙、湖水和积雪样品；

生物学：观察了站区的海鸟、半岛的植被，发现淡水湖的力源来自融雪，不少湖泊中有淡水藻类植物，在海拔83米高湖泊中发现有淡水甲壳类动物存在；

海洋学：共采集水样295个，获得了气温、水温、风及潮位数据1062个，走航资料3300个，测得中山湾附近海域盐度范围为14～30，潮汐为不规则半日潮，最大潮差1.56m，最小潮差1.02m；

气象学：除提供航行、卸货期间的气象服务外，还开展了影响中山站的气旋和下降风过程、云和天气的关系的研究。

1989年2月27日开始，以高钦泉为队长的20人越冬队，首次在中山站越冬并进行冬季科学考察。

长城站考察：

1988年11月12日—1989年3月16日，中国第五次南极考察队乘飞机赴长城站，考察队41人（其中越冬队14人），队长刘书燕。

夏季考察：

对站区房屋、设施和机械设备进行维修保养，完善实验室设备；此次科学考察项目共有13项34个课题。潮间带生态系是这次考察的重点，首次接待两名日本科学家进行生物考察。新增项目有：22

周太阳峰年综合观测、苔藓、企鹅与磷虾的关系等。

越冬考察：

1989 年 3 月 16 日—12 月 16 日，中国在长城站进行了第五次越冬考察。队长李果。

常规观测项目包括地面气象、电离层、空间物理和地球物理等。除常规观测外，越冬队还进行了生物、冻土、地貌和人体生理等学科的考察。

6. 中国第六次南极考察

1989 年 10 月 30 日开始，中国进行了第六次南极考察。中国第六次南极考察队共 139 人，领队万国铭，长城站考察队 39 人，站长张杰尧；中山站考察队 61 人，站长李振培；"极地"号考察船 39 人，船长魏文良。此次南极考察实施了"一船两站"的方案：即"极地"号由青岛赴长城站，把物资和考察队员送到长城站，然后，驶向中山站。

中山站第二期工程：新建高架式钢框架科研栋和文体仓库栋，并完成内装修，完成站区上下水工程并安装了 CW—60 型生化污水处理装置；安装了三台发电机、一台风冷机、总配电柜和控制室、余热利用系统，安装了由 5 个 50 吨大油罐、油泵及进出油控

制管路组成的储油供油体系；架设了发射、接收大型天线，安装了JUE—45A型卫星通信系统和天线塔；完成了科学考察基础设施的安装与调试；完成了发电栋的部分内装修、上车平台和车库的地基工程。二期工程浇灌混凝土123立方米，挖土量300立方米。

中山站科学考察：除二期工程施工放样测量外，完成了中山站1：2000测图，进行了各种比例尺的航空摄影，面积约35平方千米；建立了二分量和三分量大气哨声、电离层、甚低频和短波通讯的探测系统；测绘了东西走向岩性构造剖面8条，绘制出米勒半岛地质草图，并对布洛克奈斯半岛进行了初步勘察；除常规气象观测外，还进行了近地面梯度风、辐射、大气化学和地温的分析研究；此外，还采集了湖水、冰、雪、土、企鹅粪便样品共296件。

长城站科学考察：长城站考察队进行了太阳活动对大气状态的影响、电离层、电波传播、哨声、地磁脉动、地磁场变化、浅海生态系、地貌与沉积、气象、人体生理和卫生学、冰川学的观测与研究，获得了大量资料和样品。同时，日本国立极地研究所的大山佳邦和北海道大学低温科学研究所的岛田公夫同中科院动物研究所的潘涔轩合作考察了乔治王岛、菲尔德斯半岛的陆上节肢动物并测定了部分种类的耐寒性，初步搞清了菲尔德斯半岛陆上节肢动物的种类、分布、群落结构特征及部分螨类的耐寒性。

7. 中国第七次南极考察

考察队是 1990 年 12 月 2 日从青岛出发，于 1991 年 1 月 15 日到达中山站。从此，中国南极考察工作以自由建站为主转入以科学考察和资源调查为主。中国第七次南极考察队长城站度夏科学考察共有 9 项科学考察任务，除气象、地震、地磁、高空物理和电波传播五项常规观测任务外，中日科学家合作进行的植物生态学研究、长城湾微型生物研究、太阳活动峰年对大气状态影响的研究、利用子午卫星接收仪对太阳活动峰年的研究和长城湾海滨沙金矿资源考察研究等各项科学考察工作也都圆满完成了任务，取得了较满意的成果。

8. 中国第八次南极考察

中国第八次南极考察队乘"极地"号船于 1991 年 11 月 30 日由青岛起航。1992 年 4 月 6 日圆满完成任务。

冰川考察。1992 年 1 月 5 日完成柯林斯冰盖的钻取冰芯和考察任务，14 日回站工作。在主冰穹和小冰穹各钻取冰芯 5 支，总进尺 480 米，最大钻深 65.5 米，完成了物质平衡和成冰作用研究，挖雪坑 28 个，累计深度 40 余米，取得密度、地层、温度观测数据 450 多个；进行冰川运动和应变观测 4 次，取得数据 1240 多个；

雷达测厚总长度 15 千米；完成了三支冰芯的地层剖面描述，总长 140 米，测量了其中二支冰芯的密度，取得数据 30000 个左右，并对一支冰芯进行了组构切片，完成影片 20 张；对菲尔德斯半岛南部雪斑分布进行了填图。协助乌拉圭方面采集水样 600 多瓶。对所取得的数据进行了整理和编辑。

测绘科考。考察的主要项目是对菲尔德斯海峡断层运动形变进行监测。利用卫星 GPS 先进技术和激光测距手段，进行野外数据采集和资料预处理。共接收卫星观测数据 15000 个，获取 26 条卫星测边和 46 条激光测边资料。经事后数据处理，所得成果精度达到要求。此外，对站区的地面影像进行了航摄，并为冰川在柯林斯冰盖主冰穹冰芯钻取进行了 GPS 卫星定位；为通讯发射天线的指向和菱形天线的检修和保养提供了必要的数据；为气象场风标指向的方位角进行了复测。

沼泽湿地的研究。对菲尔德斯半岛及附近岛屿进行了湿地踏勘和考察，对站区附近湿地进行了重点考察，采集土样 52 份、水样 11 份、植物样 30 份；进行样方调查 29 个，样线调查 3 条；小气候观测获 1495 项记录，特定观测项目 50 项；生物测定 10 项，泥炭生物性测定 12 项；完成站区和阿德雷岛湿地分布图；收集了部分气象资料。

苔藓对比研究。对菲尔德斯半岛及附近地区进行踏勘，对长城

站地区苔藓植物群落进行了重点考察研究，采集化学分析样品 20
个。进行 68 个 50 厘米 × 50 厘米的样方调查；挖土壤剖面 7 个；
进行了地温、湿度、风速的观测，收集数据 1278 个并收集了部分
长城站的气象资料。基本掌握了苔藓植物群落的组成、结构特征、
群落类型及其分布规律。

日地整体关系研究。解决了仪器存在的问题，使仪器正常运行。
获得 1.8MMBIT 字节数据，对其中 10％的数据进行随机抽查，结
果表明，全套系统工作正常，所取资料完整可靠，从数量分布和精
度方面评价，均可满足研究工作的要求。

常规观测。5 台仪器昼夜连续观测电离层、宇宙噪声、甚低频、
多普勒和单边带短波。获 210 米胶卷和 430 米纸带记录资料、3 盘
磁带、750 页打印纸，仪器工作正常，资料数据可靠。

地磁、地震观测。（地震局物理所）对线路、仪器进行了检修，
恢复完善了观测系统，使所取得的数据可靠，共获取数据 4 万多个。
由于地磁总强度测量的恢复，使地磁地震观测成为一个完整的观测
系统。从记录到的几次地震来看，地震前后及发震时间，相应地磁
动丰富，变化幅度大，而地磁总强度表现为数字跳动大，呈不规律。
在地震后持续一段时间，地磁分量记录趋于平静，相对总强度读数
稳定，说明所得数据是可靠的。

地质考察。完成了横穿菲尔德斯半岛南北四条路线的地质考察，

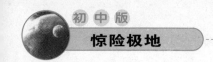

采集了各种水样 12 号、土样 10 号，并收集了地球化学材料；勘查了阿德雷岛等地的阶地；参观了冰盖上的冰川考察实况。

污水排放监测分析。为检验经污水处理系统处理的下水是否达到排放标准，对水样的颜色、悬浮物、pH、化学耗氧量、高锰酸盐指数、五日生化耗氧量、细菌总数和总大肠杆菌群八项指标进行了监测分析。

9. 中国第九次南极考察

1992 年 11 月 20 日—1993 年 4 月 6 日，我国完成了第九次南极科考。岩石圈项目古地磁在长城站地区采集古地磁样品 206 块，在波兰站采集 118 块，在梅尔维尔采集样品 40 块，通过这些样品的测定将对该区第三纪地层划分和白垩纪／第三纪界线提出一些看法。

古生物。在长城站地区采集植物化石 263 块、岩石及同位素年龄样品 24 个，孢粉分析样品 9 个。在波兰站采集植物化石标本 53 块、孢粉样品 7 个。在梅尔维尔采集珊瑚、双壳类、腹足类、蟹类、海胆等门类动物化石 105 号标本。在韩国站附近采集植物化石及岩石标本 14 个。上述化石标本为该地区早第三纪植被和古气候研究提供了丰富的材料，为该地区地层划分和对比打下了基础。

生态系项目。完成站区地面植被（苔藓、地衣）、凋落物、根系及半腐殖质层、土壤、微生物等 13 个样方的系统采样，为研究该地区陆地生态系统提供了基本研究材料和数据。获得不同类型地段地衣群落样资料 350 个，测定 30 多个样方内优势地衣的生物量，采集部分螨虫和藻类标本，发现并建立了南极石萝生长速度观测点，这些工作为研究该区地面植被生态系统提供了丰富的资料。

土壤微生物。采集土壤样本 55 个，对 25 个土壤样品进行了微生物分离和数量性状分析，每个样用 PYG 培养基、马丁培养基等培养基作微生物分离工作，对 13 个样品作了低温对照培养，得到土壤菌总量及霉菌、酵母菌的数量，分离菌株有中温菌 150 株、低温菌 50 株，这些样品将带回国内作进一步分析，用烃氧化菌量作为石油物质污染的指标，在长城站周围等距采样共 15 个点，分离培养了其中的细菌，依据其中生长状况，得到长城站周围受石油污染的大致范围和程度。

水生生物。对站区 13 个水体 14 个理化指标进行了分析测试，调查了近 20 个水体的浮游生物、着生生物和底栖生物，采集了大量定性和定量标本，测定了 16 个水体的叶绿素和生物生产力，对西湖水生生物的夏季动态、水平及垂直分布进行了较详细的研究。

土壤分类。采集了各种地貌类型、不同成土母质的土壤样品 50 个，采集微域环境土壤样品 60 个，采集土壤分布分类样品 30 个，

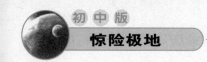
水样 20 个，联合样 14 个。土壤水分动态观测仪器每天可采集数据 120 个。

潮间带和浅海生态系研究。共出海 8 次采积了大量的样品，测得了大量的数据。对潮间带生态系的优势种帽贝的各项指标进行了深入的研究，获得了可靠的资料。

海洋环境污染。采集水样 150 多个，海底表层沉积物样品 2 个，对这些样品进行了常规测定，观测了长城湾及潮间带海水营养盐变化。

此次南大洋科学考察的特点是专业多、项目多、时间长、区域广、任务繁重。考察队以走航观测和测区定点观测两种方式较圆满地完成了"八五""磷虾项目"观测，并完成了"气候项目"和"晚更新项目"中与大洋有关的课题观测与采样。走航表层观测贯通全航程，每日 4 次。特别是充分利用本航次环绕南极冰缘航行的机会，用鱼探仪进行了磷虾资源的全程探测记录，并用浮游生物高速采集器采样；同时用抛弃式温深仪和表层水温自记仪以及表层水采样考察其水文、化学和相关的生物特性。首次获得环南极冰缘区较完整的第一手资料。定点观测，开展了南斯科舍海和普里兹湾及其邻近海域的综合海洋考察。经过 15 天的航行与作业，在 39 个站位上共 140 小时进行了磷虾生态及资源量、物理海洋学、化学海洋学、初级生产力和浮游生物等综合性科学考察；站间全部用高速采集器进行磷虾等浮游生物采样，作为站位上数据的有效补充；并在 5 个站位上采集海洋沉积柱状样 10 个。

10. 中国第十次南极考察

时间：1993 年 11 月 15 日—1995 年 3 月 6 日。

根据《中国南极考察科学研究"八五"计划》各项目的进展情况，长城站的科学考察安排了 4 项常规观测，4 项"南极菲尔德斯半岛及其附近地区生态系统研究"项目的现场考察，3 项"南极大陆、陆架盆地岩石团结构、形成、演化和地球动力学以及重要矿产资源潜力的研究"项目的现场考察，2 项"南极环境对人体生理、心理健康及劳动能力的影响和医学保障"项目的现场考察。中山站科学考察安排了 6 项常规观测。

长城站科学考察：

地面气象常规观测和卫星接收。在越冬期间继续进行了连续多年的气象地面常规观测和预报，同时利用第九次队安装的 NOAA 卫星高分辨率资料接收处理系统进行云图接收和数字化资料的接收记录工作。

地磁常规观测。地磁三分量的相对及绝对观测，地磁脉动观测，哨声与甚低频观测，地磁资料的初步处理，地震三分量的观测。

地震常规观测。继续越冬进行地震的常规观测。

电离层观测。越冬进行继续多年连续的电离层测高仪测定电离图、宇宙噪声接收机测量电子浓度随时间变化、多普勒测量电离层TEC、短波场强及低频相位变化的观测。

南极菲尔德斯半岛及其附近地区生态系项目考察：

1. 鸟类生态考察。对长城站附近区域的鸟类区系组成及分布，优势鸟类分布与数量，企鹅食性和生物学特性进行考察。

2. 哺乳动物考察。对长城站鳍脚类哺乳动物主要是海豹等，进行换毛、繁殖过程及食性、发声等的考察与研究。

3. 潮间带生态考察。对长城站附近潮间带生态系统的营养阶层，优势种小红蛤的摄食、呼吸和排泄，以及帽贝种群生态进行考察。

4. 典型污染物生态效应考察。对长城湾海水中石油、COD、阴离子洗涤剂等典型污染物的现状及其生态效应进行现场样品采集、处理和分析。

5. 浅海初级生产力考察。对长城湾内的营养盐、叶绿素a、初级生产力、浮游动物，微生物等进行现场样品采集。

南极大陆、陆架盆地岩石圈结构、形成、演化和地球动力学以及重要矿产资源潜力的研究项目考察：（1）中新生代构造岩石演化（兼）。在长城站附近区域进行火山岩年代学样品的采集。（2）晚更新世晚期以来南极气候与环境演变及现代环境背景研究项目考察。湖相沉积环境过程：为项目综合分析研究进行第四纪地质地貌综合调查，并进行环境样品的采集。现代环境与自然背景：主要针对重金属开展了人类活动对土壤、植物和水的环境影响，以及湖相沉积中对全球变化的反应等进行了考察。

南极环境对人体生理、心理健康及劳动能力的影响和医学保障项目。进行了越冬的人体生理免疫测定、心理测试、营养学和调查环境微生物检测等方面的工作。

电离层常规观测。安装天线需 60 米 ×60 米场地，需推土机平整场地；天线到观测房需挖电缆沟；GPS 测高仪发射天线尽可能使用原发射天线，如使用单独的临时天线，则需要在科学栋与宿舍栋间架设对称偶极天线，需长 5 米直径为 50 毫米左右的钢管 8 根。安装接收天线，及调整仪器。

固体潮常规观测持续观测，资料初步处理，对仪器进行检定。

11. 中国第十一次南极考察

时间：1994 年 10 月 28 日—1995 年 3 月 6 日。

长城站的科学考察：

安排了 4 项常规观测，5 项"南极菲尔德斯半岛及其附近地区生态系统研究"项目的现场考察，1 项"南极大陆、陆架盆地岩石

圈结构、形成、演化和地球动力学以及重要矿产资源潜力的研究"项目的现场考察，1项"晚更新晚期以来南极气候与环境演变及现代环境背景研究"项目，1项"南极环境对人体生理、心理健康及劳动能力的影响和医学保障"项目的现场考察。

中山站科学考察：

安排了5项常规观测，2项"南极大陆、陆架盆地岩石圈结构、形成、演化和地球动力学以及重要矿产资源潜力的研究"项目的现场考察，1项"南极与全球气候环境的相互作用和影响"项目的现场考察，4项"南极地区日地系统整体行为研究"项目的现场观测（其中包括1项中日合作观测）。南大洋考察安排了"南大洋磷虾资源开发与综合利用预研究"项目的现场调查和"晚更新晚期以来南极气候与环境演变及现代环境背景研究"项目中的海底沉积物取样工作。

地面气象常规观测和卫星接收。在越冬期间继续进行了连续多年的气象地面常规观测和预报，同时利用第九次队安装的NOAA卫星高分辨率资料接收处理系统进行云图接收和数字化资料的接收记录工作。

地震观测。进一步完善观测环境，继续进行地震的越冬常规观测。

地磁观测。继续多年来连续进行的越冬地磁仪、磁变仪观测，地磁脉动及哨声的观测记录。

电离层观测。越冬进行继续多年连续的电离层测高仪测定电离图、宇宙噪声接收机测量电子浓度随时间变化、多普勒测量电离层TEC 短波场强及低频相位变化的观测。

南极菲尔德斯半岛及其附近地区生态系项目考察：

1. 陆地生态系。土壤剖面取样，补充九次队工作做植被图，重点是阿德雷岛联合采样。

2. 淡水生态系。对不同水体中浮游动物及底栖动物的多样性和丰度进行了调查，对各类环境中藻类及大型植物种类组成及 PG，CHlA 的测定，对水质类型及水质特点进行观测和分析。

3. 浅海及潮间带生态系。对长城湾附近海区生物多样性、丰度、叶绿素 a 和环境因子进行测定，并对菲尔德斯半岛附近潮间带进行了生物多样性调查。

4. 系统进行了实地考察、测量、分区、定位，并对各生态系统中的生物组分进行功能团的划分。协调与其他学科的合作，取得了生态系分析所需的气象、地理生态、水文、水质等环境数据，为建库和建模提供了第一手资料。

南极大陆、陆架盆地岩石圈结构、形成、演化和地球动力学以及重要矿产资源潜力的研究项目考察：

1. 南极半岛南美洲南部对比关系研究。对乔治王岛 1OWHEAD

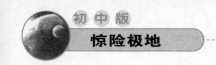

渐新世冰海沉积地层进行了详细采样，考察了西北平台剖面二条，并对纳尔逊岛及双峰岛、化石山、半三角进行了地质考察。

2.火山沉积盆地精细剖面研究。对长城站附近火山沉积岩做了进一步的研究。在尤巴尼站附近进行了野外火山岩考察，并对纳尔逊岛进行了考察。赴海军湾（波兰站附近）测定了剖面。

3.地壳形变监测。进行了菲尔德斯半岛形变网复测和国际GPS联测。

4.南极环境对人体生理、心理健康及劳动能力的影响和医学保障项目考察。

5.极地心理学研究。通过越冬考察对极地考察人员进行生理生化，免疫及心理调查。生理及心理需每天观测；内分泌及免疫需取血样及收集尿样。

6.极地劳动保护措施的研究。完成了南极夏季考察队员心理、脑力、神经系统功能、免疫功能检查；基础代谢测定，饮食营养调查。探讨医学卫生综合保障措施。

气象常规观测。中山站气象，海冰观测。高分辨卫星资料接收、处理、存档，并提供服务。

地磁常规观测。地磁三分量的相对及绝对观测，地磁脉动观测，哨声与甚低频观测，地磁资料的初步处理，地震三分量的观测。

电离层常规观测：

固体潮常规观测持续观测，资料初步处理，对仪器进行检定。

BREWER 臭氮观测进行中山站地区臭氧总量，NO_2，SO_2，及 UVB 等要素的观测，观测内容存入磁盘。

岩石围项目现场考察：

1. 中山站地壳演化及矿产资源研究。对站区附近的花岗岩，混合岩进行考察，并对重点工作地区进行大比例尺填图；采集古地磁样品，并对站区及附近岛屿采集岩石化学及同位素分析样品，并进行地质填图。

2. 宇宙尘现场采样。站区冰雪宇宙微粒的搜集，沉积物布点采样，实验室熔化、抽滤、烘干、挑选与鉴定；利用站上交通工具在冰盖上搜集陨石；提取湖泊沉积物，分离宇宙尘物质，航渡期间如能借到采集器，则收集空气飘尘。

南极与全球气候相互作用及影响项目现场考察：

边界层研究数据采集：利用软式气象塔及进行低高层冰（雪）—气通量交换的研究；在途中海冰状况和考察船允许的情况下，在海冰上进行边界层实验；在中山站冰盖上开展连续观测。

南极地区日地整体关系研究项目现场考察：

1. 太阳活动观测。利用国产 10cm 射电望远镜进行太阳活动观测。

2. 平流层气溶胶及臭氧探空观测。辐射及地面大气电场观测；

大气臭氧探空；利用激光雷达对大气进行日常探测，取得平流层气溶胶的资料。

3. 太阳辐射及大气电场。利用 RIOMETER 获取宇宙噪声资料。

4. 中日合作极光及极区扰动综合研究。安装观测居；仪器安装，调整；越冬观测。

中国南极第十一次对南大洋科学考察。以执行"八五"南极考察科学研究计划中的"南大洋磷虾资源考察与开发利用预研究"项目为主，结合进行"晚更新世晚期以来气候与环境演变及现代环境背景的研究"项目中的沉积取样工作。开展普里兹湾及其临近海域的综合性海洋调查。并充分利用条件，开展航渡途中的海洋观测。第十一次队是"雪龙"号考察首赴南极地区进行考察。

物理海洋学方面的工作主要有：CID 观测、表层温度、盐度走航观测、海况、海冰与气象观测。沉积取样主要是取柱状样和表层样。

12. 中国第十二次南极考察

"雪龙"号于 1995 年 11 月 20 日至 1996 年 4 月，执行中国第十二次南极考察任务，历时 134 天，航时 1545 小时，航行 22968 海里。

长城站科学考察：

常规地面气象观测安装了自动站；在整个越冬期间进行每天 4

次气象观测并发地面报；每月做一次月报表并做气候月报，进行太阳辐射的观测。

天气预报卫星图像接收及海水监测进行 NOAA 卫星高分辨资料的接收；气象传真图接收及长城站地区天气预报。

长城站附近区域海冰实况监测；地面气象常规观测。第十一次队对气象卫星高分辨资料接收处理系统进行了更新并安装了一套新型接收天线系统。

电离层常规观测。继续开展电离层观测，同时开展 V1F 信号相位测量、短波场强测试和标准里欧计的测试工作。

地震常规观测。继续进行地震越冬的常规观测。

中山站科学考察：

常规地面气象观测。天气预报安装自动站；每日进行 6 次气象观测并发地面报；每月做一次月报；进行辐射项目的观测。进行高分辨卫星云图接收；气象传真图接收；进行中山站附近区域

▲ 著名的"雪龙"号考察船。

海冰实况监测。

臭氧观测。在臭氧洞活动最强的季节进行每日的臭氧观测。

高空大气物理观测。进行了中日合作极光、地面臭氧等观测。进行了中澳合作感应式磁力仪的观测。利用目前世界上最先进的数字化电离层测高仪进行电离层观测。

地磁观测。主要进行三分量地磁场观测，同时开展地磁脉动和哨声观测。

南大洋科学考察：

1995 年根据上报国家计委的"雪龙"号极地科学考察船的改装方案，对"雪龙"号船进行了改装。由于是改船工程后的第一个航次和"八五"项目业已完成，十二次队南大洋考察在测区和考察目的等方面均作了相应的调整，主要完成了 ADCP、CTD 等新加装仪器设备的测试工作，延续进行了部分磷虾考察工作，同时还安排了协助新西兰科学家进行大气采样工作。

13. 中国第十三次南极考察

时间：1996 年 11 月 18 日—1997 年 4 月 20 日。

中国第十三次南极考察是执行"九五"国家重点科技计划（攻关）项目的第一年。共安排了长城站度夏科考 2 项，越冬科考 4 项。中山站度夏科考 3 项，越冬科考 10 项。

长城站科学考察：

气象常规观测。观测工作主要包括气象常规和太阳辐射观测、卫星遥感天线的检查维修及接收等越冬周年的气象观测工作。

地震、地磁观测。主要完成了越冬周年的地震（MDS—4）数字三分向、地震（DS1—3）模拟三分向、地磁场数字观测、地磁场模拟观测（GM—1）三分量观测、地磁场（ZZZ—1）总强度数字量等观测。大部分观测获得了 1997 年度连续完整的数据。

电离层垂测。主要进行越冬周年的电离层测高、甚低频（V1F）信号相位测量和短波场强测试等常规观测。

国际 GPS 联测。主要在 1996—1997 年南极夏季 1 月 20 日至 2 月 10 日期间，参加国际全南极洲的 GPS 联合观测，其目的主要是针对大地形变开展观测的研究。

苔藓植物的微气候研究此项考察研究工作是根据中国国家海洋局所属研究机构与德国基尔大学的合作协议，在 1996—1997 年南极夏季安排进行的。

中山站科学考察：

海冰生态项目。该项目是根据国家自然基金项目和先期执行的"九五"南极科技攻关项目有关专题内容的现场计划进行的。在 1997 年南极冬季，充分利用中山站实验室和野外装备十分有限的

客观条件，顺利实施了近岸海冰生态过程和海冰区颗粒有机碳通量研究的现场考察工作。

中日合作高空大气物理观测。该项目为执行国家自然基金重点项目计划和中国观测仪器包括数字式电离层测高仪、通门磁力计、感应磁力计、全天空摄像机、成像式宇宙噪声接收机、扫描光度计和表面臭氧探测仪等。

甚低频、短波场强和极光观测。此项观测中的前两项自中山站建站以来一直坚持越冬周年连续观测，另一项极光观测是第十三次南极考察期间开始进行的中国电子部22所与芬兰的奥兰大学的合作观测项目。

中层大气物理观测此项观测开始于中山站建站初期，当时时值22太阳周峰年综合观测在中山站进行，之后作为"八五"攻关项目中南极日地系统整体行为研究的常规观测延续至今。其观测内容主要有：激光雷达探测平流层气溶胶、大气电场系统、南极大气臭氧探空观测系统。

气象观测、预报和卫星图像接收。主要观测任务包括：气象常规观测、气象预报、气象卫星系统天线安装与改造和云图资料接收、海冰观测、海面辐射观测。

重力场和固体潮观测。此项观测在1996年由于第十二次队计划调整而中断观测。1997年1月8日又恢复连续观测。在连续观测中，于 1997 年 1 月 25 日、2 月 9 日、2 月 19 日、2 月 23 日、5 月 8 日、5 月 24 日、7 月 9 日共 8 次观测到连续几十小时有规律的异常重力变化信息。在出现扰动的十几小时或更长些时间后，通常可记录到强地震的发生，因此引发了"扰动是地震的前兆或诱因"的研究思想。

臭氧观测。此项观测使用国际标准的 Brewer 臭氧观测仪，第十三次队于 1997 年 1 月 1 日正式开始观测，5 月 16 日至 7 月 31 日按计划暂停观测，8 月 1 日后恢复观测。整个观测期间基本保证了观测数据的完整、连续。

地磁观测。此项观测主要包括地磁三分量绝对观测和相对观测、哨声观测记录。

国际 GPS 联测主要在 1997 年 1 月 20 日至 2 月 10 日，参加国际全南极洲的 GPS 联合观测，其目的主要是针对大地形变开展观测的研究。

淡水生态考察。此项目属国家自然基金项目，主要进行拉斯曼丘陵主要湖泊的水环境基本理化参数、淡水和湿地的微量元素背景值和有机物剖析、元素的地球化学迁移及沉积过程等现场考察工作。承担此项考察的中国科学院武汉水生生物研究所李植生在越冬即将结束时，被诊断身患癌症提前回国。

拉斯曼丘陵地质考察。此项考察着重进行晚元古代至早古生代

地质演化研究。主要包括部分熔融与麻粒岩变质的关系及其构造制约等野外工作，在考察期间，也将有关工作区域拓展到 Veatfold 丘陵。

冰盖内陆考察。为完成作为"九五"攻关项目重要内容之一的中山站至 A 冰穹冰雪断面考察，由 8 名队员组成野外考察队驾驶三辆雪地车拖载雪橇，于 1997 年 1 月 18 日从中山站出发，用 18 天的时间沿国际横穿南极科学考察计划中国断面线路，向南极大陆内陆腹地的 A 冰穹完成了 336km 的冰雪断面的建立，并完成断面上的第一次野外工作。

南大洋科学考察。除完成中山站——上海往返航线的走航观测外，重点完成了普里兹湾 4 条断面的 23 站位的调查作业。主要作业项目包括：走航式多普勒声学海流计（ADCP）观测、温盐深（CTD）和抛弃式温深仪（XBT）观测等物理海洋学工作，DOC、POC、PCO2 的碳循环和同位素等化学海洋学工作，高速采集器、IKMT 拖网、浮游生物拖网和 CHIA、ATP 等生物海洋学工作。

14. 中国第十四次南极考察

时间：1997 年 11 月 15 日—1998 年 4 月 4 日。

长城站科学考察：

国际 GPS 联测全南极国际 GPS 联测由国际南极研究科学委员会（SCAR）发起。由于南极半岛及南大洋为地球动力学研究的热点地区，通过 GPS 联测可了解南极地区的板块运动状况及地学特性。中国从 1995 年开始参加连续观测，整个南半球有英国、美国、澳大利亚、德国等国的近 40 个测站，其中有些为 IGS 站。因此，这种联测除可建立全南极地区参考网络外，还可加强和完善 IGS 地学服务体系。除全南极国际 GPS 联测外，还完成了气象设备的安装定向，地物补测及测量标志维护等工作。

NOAA 气象卫星接收系统改进和更新对长城站上原有卫星原有天线系统进行了改造，更新了原天线的控制系统。对原有硬件进行维护及调整并重新铺设了线路，并联机对天线控制程序进行了修改和调试。由于卫星接收程序更新，使得接收到的卫星影像更加清晰。

中山站科学考察：

测绘考察。在 1997 年 1 月 20 日—2 月 10 日期间，进行 24 小时国际 '98GPS 会战观测。观测数据连同相应的表格信息文件，送交设在德国的数据处理中心。此外，从 2 月 3 日冰盖队出发后即开始中山站 - 冰盖 GPS 联测工作。

冰盖内陆考察。此次内陆冰盖考察于 1998 年 2 月 3 日从进步一站出发，于 2 月 19 日返回中山站，历时 17 天，完成断面工作 464km，到达 73° 22′ S，77° 00′ E 的位置。考察中曾遇到

20 ~ 30m/s 以上的暴风雪天气，17 天的考察中大约 2/3 的天气是 12m/s ~ 22m/s 的大风天气和地飘雪天气，能见度很低，气温低，多数天气是 −25℃以下的气温，也曾经历过 −44.5℃的低温天气，野外作业的难度很大，所有队员脸部都有不同程度的冻伤。

南大洋考察：

中国第十四次南极考察中的南大洋考察是按"九五"国家攻关计划进行南大洋考察的第一航次、也是最关键的一个航次。根据南极考察的现有条件和研究方向，对南大洋考察的断面和站位进行了科学的设置，重点强调冰缘区和普里兹湾内的工作，沿冰缘设置了 12 个站位，在湾内设置了 3 条主断面、20 个站位。另外，充分利用一船两站、环绕南极航行的机会，加强航渡期间的走航观测。走航观测在进入南大洋后，每天 4 次施放浮游动物高速采集器，同时采集表层水抽滤、测定叶绿素 a，共获得浮游动物高速采集器样品 86 个，叶绿素数据 168 个，取得环绕南极航行期间浮游动物和初级生产力的完整资料。

船载气象卫星云图接收系统航行实验及使用：

此次考察按计划完成了船载气象卫星云图接收系统的建立。系统自 1997 年 11 月 11 日正式运行后，每天接收 2 至 3 条轨道的高分辨云图，至 1998 年 4 月 4 日共接收 200 多张云图。此间还根据需要接收、打印了静止轨道卫星低分辨云图 200 张，供气象预报人员及船长使用，为"雪龙"号船穿越西风带时航行提供可行的导航建议，保证了"雪龙"号船平稳顺利通过西风带。

长城站附近海域锚地水深测量：

长城站测区为鼓浪屿与双烽岛之间的海域，外业工作从 1997年 12 月 22—28 日结束，完成测线近 00km，获取点位近 6000 点，取得珍贵的第一手资料。另外，对纳尔逊岛的气象湾现用锚地进行检测及补测。通过测量发现了智利海团上不符水深许多处，为科考船抛锚提供了科学保证。

中山站附近海域水深测量：

中山站测区原设计在望京岛附近海域，设计测线总长为218km，由于该海域一直是冰山、浮冰堆积，无法进行测量，所以根据没发现大的冰山出入等情况将测区改为在馒头山附近。通过测量发现，在馒头山以东偏北海域有一片适合大船抛锚的水深区域，该区域水深在 100m 以内，面积大约 $1.3km^2$，但由于时间关系只测了 5km 的测线。

15. 中国第十五次南极考察

时间：1998 年 11 月 5 日—1999 年 4 月 2 日。

中国第十五次南极考察队由长城站考察队、中山站考察队、内

陆冰盖考察队，格罗夫山地质考察队、南大洋考察队和"雪龙"船组成。中国第十五次南极考察队队长王德正，长城站站长孙云龙，中山站站长李果，"雪龙"船船长袁绍宏。第十五次考察队总人数139人，长城站考察队员22人，中山站考察队员40人，内陆冰盖考察队10人，格罗夫山地质考察队4人，南大洋考察队17人，"雪龙"船46人。第十五次南极考察队实施"一船一站"考察，即长城站队员乘机前往长城站，中山站及其他考察队员乘"雪龙"船赴中山站考察。在"雪龙"船途经澳大利亚弗里曼特尔港时，2名与中方合作的美国专家登船，3名俄罗斯人和1名澳大利亚人搭乘"雪龙"船前往俄罗斯进步2站。

长城站考察队中国第十五次南极长城站考察队由16人组成，其中越冬队员13人，度夏队员3人。长城站考察队于1998年12月10日从北京乘加航飞机出发，11日抵达智利首都圣地亚哥。经极地办驻智利办事处安排，12日早从圣地亚哥飞往彭塔阿雷纳斯，13日上午乘智利空军大力神C—130飞机抵达长城站。在考察中，一名队员在寻找遇暴风雪迷途队员而意外负伤，于1999年3月6日送回圣地亚哥治疗；另有2名越冬队员身体不适，于1999年3月24日随同度夏队3名队员离站返回智利彭塔阿雷纳斯，6人于1999年4月2日乘加航离圣地亚哥，4月3日抵达北京。10名越冬队员继续留在长城站进行越冬考察。1999年9月，第16次越冬考察队厨师提前抵达长城站，同第十五次越冬队员一起工作。第十五次越冬队于 1999 年 12 月 18 日离开长城站返回智利彭塔阿雷纳斯，12 月 29 日离开圣地亚哥，于 12 月 31 日抵达北京。

度夏期间，根据国家南极考察"九五"科学考察计划，进行了长城站地区环境考察和国际 GPS 联测及气象、高分辨卫星云图接收和地震常规观测等科学考察工作。

站务工作：完成了新的海事卫星 B 站和 C 站的安装，拆除了原有旧的海事卫星 A 站。对柴油发电机组和车辆进行了大修，修筑了食品库至码头的道路，对部分建筑物进行了油漆工作。

度夏期间，考察队还接待了以国家海洋局局长张登义为团长的中国政府第五次南极考察团。在考察团的主持下，在长城站举行了由江泽民主席题写的"中国南极长城站"站匾的揭幕仪式。

中山站考察队 40 人，其中越冬人员 22 人，度夏人员 18 人。考察队于 1998 年 11 月 5 日乘"雪龙"船离开上海，12 月 5 日抵达中山站。度夏考察工作 1999 年 2 月 20 日结束，度夏工作时间 77 天，度夏队员随"雪龙"船于 4 月 2 日返回上海。

度夏期间，根据国家南极考察"九五"科学考察计划，进行了野外地质考察、生态环境科学研究，中山站自然环境过程与环境指示研究，中山站水体、冰藻类的 UVB 生态效应现场考察、中山站区环境专题研究及气象、极光、臭氧等科学考察项目。

完成的站务工程有：新安装了3台发电机组，拆换了原有旧机组，确保了中山站的正常供电；调试运行了污水处理系统；安装了新型垃圾处理设备；清除了中山站十多年来的报废设备、建筑和生活垃圾，全部运回国内处理；完成了站区建筑的粉刷和油漆工程，并将建筑内的暗线改为明线，以利维修和保养。

越冬队员22人继续留站进行科学考察常规观测和站务维护工作。完成越冬任务后，于1999年12月4日加入第十六次中山站度夏考察队。

内陆冰盖考察队由10名队员组成，负责人李院生，包括4名科研人员、2名冰芯钻工、2名机械师、2名中央电视台记者。驾驶3辆240型雪地车，后拖6个雪橇舱，分别装有科学考察设备、燃油、食品等75t。

考察队于1998年12月15日出发在前464千米区段，与格罗夫山考察队同步行动。12月24日两队分开。1999年1月5日到达距中山站直线距离1000千米预定地点，6日又继续前进1天，在79° S位置设立营地。7日小分队驾驶单车抵达Dome－A（A冰穹）地区，这也是1991年国际实施南极冰盖断面计划以来第一支到达该地区的考察队。1999年1月15日考察队启程返回，于2月3日安抵中山站。该次冰盖考察历时50天，成功穿越了200km长的冰裂隙区域，取得了丰硕成果。

该次考察终点位置 79° 16′ 46″ S、76° 59′ 46″ E，距中山站直线距离 1106 千米，海拔高度 3931 米（GPS 数据），雪地车行程 1250 千米，仲夏气温 − 32℃ ～ − 37℃。考察队建立了 664km 长的冰川学综合研究剖面，完成了冰雷达探测，建立了 16 个新 GPS 精确定位点，在不同高程的典型降雪区设立了 5 组物质平衡观测阵。在 1076 千米钻取 100.6 米冰芯 1 支，在 800 千米处钻取 82.5 米冰芯 1 支，并在沿途进行了系统的气象观测和采集了各类雪样、大气样品、气溶胶样品等。

格罗夫山地质考察队。格罗夫山考察队员共 4 人，负责人刘小汉。于 1998 年 12 月 8 日开始进行现场物资卸运和准备工作，配备了 2 辆雪地车（中途 1 辆因故障撤出），2 辆雪上摩托车及燃油、科学考察设备、雪橇、食品及其他物资等。12 月 15 日 16：45 出发赴格罗夫山考察，于 1999 年 2 月 3 日凌晨返回中山站。考察时间 50 天，总行程 2000 千米，全程共设置旗标 134 个，站位 14 个。其中在格罗夫山区内设置 8 个站位，累计行程 133 千米。

南大洋考察队南大洋考察队员共 17 人。大洋调查共分两个航段，第一航段从 1998 年 12 月 16—24 日；第二航段从 1999 年 1 月 12—21 日。共完成 29 个综合站和两个 48 小时生物、化学、海洋水文要素的连续站的调查任务。

"雪龙"船船员 40 人，管理及指挥人员 6 人。"雪龙"船于

1998 年 11 月 5 日驶离上海赴南极，1998 年 12 月 5 日抵达中山站，1999 年 2 月 20 日从中山站返航，4 月 2 日抵达上海港。"雪龙"船共航行 20326 海里，两次穿越西风带，其中浮冰区航行 1600 海里，破陆缘冰 18.3 海里，进行了 2 个阶段的南大洋科学考察任务。"雪龙"船抵达中山站后，在陆缘冰未完全破裂前，通过海冰卸运了科学考察的大型设备和运输工具，中山站站用燃油等；1999 年 1 月 27 日至 2 月 5 日，陆缘冰破裂后，利用小艇拉回中山站垃圾。共计卸运物资 23 车次、5 艇驳次、各类物资设备 100 余吨，航空煤油 210 桶，煤气罐 50 个，发电用油 242 立方米及 11 艇驳垃圾。此外，"雪龙"船还在中山站海域进行海底测绘，首次发现了"中山"锚地。

16. 中国第十六次南极度夏科学考察

时间：1999 年 11 月—2000 年 4 月。

中国第十六次南极夏季科学考察是在南极现场执行"九五"国家重点科学计划（攻关）项目的最后一年，共安排科学考察项目 10 项，除国际 GPS 联测外，其余所执行的均为"九五"攻关计划。

长城站科学考察：

GPS 国际联测执行：

南极夏季 1 月 20 日至 2 月 20 日国际全南极的 GPS 观测。目的是针对大地形变开展的观测研究，共取得 30 天的联测数据光盘。

南设德兰群岛新生代研究。考察的目的是：①采集新生代火山岩样品，为恢复群岛的形成、抬升、剥蚀与环境变迁的演化过程收集野外资料。调查长城站火山机构的分布、形态、产物。②与韩国合作共同采集火山岩样品，为研究海峡拉张积累资料。③对南安第斯山脉开展包括构造、沉积盆地、岩浆活动、矿产及火山岩同位素地球化学等方面的调查。通过野外考察，获取了大量宝贵的标本和资料，为深入研究创造了良好的条件。

站区自然界面环境过程与全球变化专题考察。本次考察围绕全新世表生地球化学过程进行，着重采集有关环境样品和数据，目的在于探讨不同高度上古新湖泊沉积所表达的气候、污染物、生物活动的环境演化过程及其环境事件。

站区环境影响评价长城站区环境影响。评价的目的是：①科学考察活动环境影响因子跟踪识别、污染源调查；②站区环境治理及环境管理措施评估；③站区水质、底质质量状况监测评价；④环境评估公众参与调查。除地质采样因客观原因未能按计划完成外，通过现场考察和调查，所取得的样品和资料将为长城站环境保护提供依据。

中山站科学考察站：

站区附近及近岸地区生态环境监测与研究。

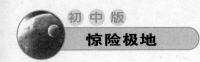

该项考察属于国家"九五"攻关第四专题的内容,以站区为基地,对站区及近岸地区常规生态环境因子进行系统监测,与第十五次队的工作进行比较,做出阶段性的总结。该次考察共获取环境化学、环境生物学、大气及其他常规要素 67 份样品,194 组数据,基本涵盖了中山站区及近岸地区的环境生态现状,为长期监测提供了背景资料。

站区环境影响评价。中山站区环境影响评价的目的是:①科学考察活动环境影响因子跟踪识别与污染源调查;②站区环境治理及环境管理措施评估;③站区水质底质监测评价;④环境评估公众参与调查。通过现场考察和调查,针对存在的问题,提出了初步的改进建议,所取得的样品和资料将为中山站环境保护提供依据。

风化壳和原始环境形成过程。该项目开展了两项现场考察工作:环境中有机污染物调查和企鹅传染病调查。第一项的考察和取样对象分别是:生物样、岩土、水样、固体废物等。第二项完成部分现场采样,因客观条件限制,部分未能完成,样品分析在国内进行。

全程臭氧和紫外辐射的监测和变化机制研究。通过安装在"雪龙"船的高精度紫外辐射和地面臭氧观测仪器,获取整个航线的资料,对中山、长城两站的常规气象观测也进行了全面了解,通过对资料的综合分析,揭示紫外和臭氧变化规律,并与国内外和站上的同期资料相比,分析南极地区臭氧和紫外辐射的变化过程及其在全球变化中的作用。

格罗夫山综合考察：

基本完成了预期的目标，主要成果和进展是：完成核心区
110km² 第一张 1 ∶ 2.5 万地形图；收集 28 块陨石；采集了大量沉
积岩转石；发现并确认 6 条悬浮终碛堤；考察了分布在各岛峰山体
上的冰川；发现了系列古土壤（据了解该发现尚属首次）；在蓝冰
区钻设定位标杆；首次实施冰缝内部直接观测并取样；在核心区主
峰大本营树立了半永久性纪念标。

南大洋和普里兹湾考察：

该考察是执行"九五"攻关计划的最后一个航次，同时又是执
行国家重点基金项目"南大洋碳循环"的关键航次，重点保证了"碳
循环"项目的实施，在普里兹湾着重于从陆隆与深海洋区之间的直
达海底作业，完成了中美合作沉积物捕捉器的回收和重新布放作业，
走航观测按照计划要求执行，取得了大量宝贵的资料和样品。

17. 中国第十七次南极考察

中国第十七次南极考察队分别于 2000 年 12 月初和 2001 年 1
月初乘飞机赴长城站和中山站现场执行度夏和越冬的科学考察任
务。

在长城站开展的科考项目有：

一、国际 GPS 联测（度夏）；

二、人类活动对南极乔治王岛海鸟生态的影响（度夏）；

三、气象常规观测（越冬）；

四、停止地震常规观测项目善后工作。

在中山站开展的科考项目有：

一、气象常规与臭氧观测（越冬）；

二、中日合作高空大气物理观测（越冬）；

三、地磁常规观测（越冬）；

四、国际 GPS 联测与海平面监测（越冬）；

五、停止固体潮常规观测项目善后工作；

六、停止中层大气常规观测项目善后工作。

18. 中国第十八次南极考察

本次考察自 2001 年 11 月开始，由中科院寒旱所、中国极地研究所、海洋所和中国科技大学等科考人员 130 多人组成。考察内容包括冰盖冰川学调查、冰芯钻取与自动气象站安装、东南极地质事件和第四纪冰川地质考察、环南大洋磷虾生态学和铁的海洋地球化学调查以及中山站地区冰缘湖泊沉积调查与提取等。

考察人员在冰盖高积累区钻取了一支百米冰芯，并第一次安装了利用 ARGOS 卫星系统实时传送数据的自动气象站。此次考察研究人员还将环南大洋铁的海洋化学研究和冰芯记录的过去数百年的铁元素记录相衔接，欲对大气尘埃中的铁是海洋浮游植物生产量的首要约束元素，海表富铁有利于浮游植物的生长的假说加以验证并以此反推过去南极大气尘埃与海洋生物初级生产量间的定量关系。考察人员还在莫愁湖、团结湖、米尔湖、大明湖等采集了一系列湖泊沉积样品，在拉斯曼丘陵地区采集了 6 个剖面的宇宙成因核素等年代测试样品。

　　据悉，本次考察在南极冰盖最高点——"不可接近之极"钻取深冰芯，对探讨东南极冰盖地区过去 500 年气候变化及其过程研究提供有力的证据。通过研究南极冰缘湖泊的地质、地貌与生态特征、水化学特征与沉积物的生物物理化学特征，进一步研究南极冰盖进退的时间序列及其与环境演变的关系。

19. 中国第十九次南极考察

　　全队共有 142 人。此次考察队 2002 年 11 月 20 日由上海出发，先后到达长城站、中山站进行考察，之后于 2003 年 3 月 20 日返回浦东民生码头，历时 122 天。

本次考察取得了丰硕成果。一是南极埃默里冰架考察取得了三大突破：在国际上率先钻取了一支 301.8 米的冰芯样品，圆满完成了该冰架冰川学的综合断面调查工作，同时顺利完成了该冰架前沿海水综合要素的观测调查任务，使我国在极地科学研究领域的地位得到了显著的提升；二是利用自行设计的海冰观测仪，在世界上首次对南极海冰的厚度变化进行了跟踪监测，并获得了此变化的第一手资料，填补了该项研究的国际空白；三是共回收得到陨石 2000 多块，数量超过历史总和，从而使我国陨石拥有量跃居世界第三，跻身陨石大国的行列；四是对 3200 平方公里的格罗夫山地区进行了 1 ∶ 10 万比例尺的遥感测图，为我国今后在该地区进一步的多学科考察，提供了准确的地理区域信息；五是完成了大洋走航观测，共获取各类样品 700 多个，投放抛弃式测温探头 120 个，是历次南极航线上该探头投放数量最多的一次；六是完成了中山站 600 多吨油料、物资的补给卸运任务，卸运量是以往航次的 2 倍；另外，仅用两昼夜的时间，还卸下补给长城站 400 吨物资的艰巨任务，创下了新的"南极速度"。

20. 中国第二十次南极考察

中国第二十次南极考察队长城站、中山站队员分别于 2003 年 12 月 4 日、5 日由北京启程赴站。因"雪龙"船即将进行特检与能力建设改造工程，不承担第二十次队南极考察任务，两站队员将分别搭乘智利空军飞机和澳大利亚南极考察船赴长城站和中山站。除延续执行两站常规的科考、后勤任务外，第二十次队还开展了极地环境生态研究；普里兹湾水团和环流特征与冰架相互作用过程研究；围绕"十五"能力建设项目做前期准备，拆除影响站区建筑布局、功能已被替代的旧建筑物；进行通信、局网规划及物资管理数据库模型的前期调研、论证；进行站区国有资产清查、统计。2005 年 1 月 16 日上午，中国第二十次南极科考队长城站越冬队员从南极经巴黎顺利抵达北京。

21. 中国第二十一次南极考察

中国第二十一次南极科学考察队乘坐"雪龙"号科学考察船，2004 年 10 月 25 日从上海浦东民生港务公司码头起航奔赴南极。此次南极科考有一项最为艰难、也是最为引人注目的任务——冰盖考察，将力争到达南极内陆冰盖最高地区"冰穹 A"的最高点，为我国今后在南极内陆地区建立第三个科学考察站的选址做准备，这是人类历史上首次向南极冰盖之巅发起的冲击。2005 年 1 月 18 日 3 时 16 分，科学考察队终于成功抵达南极内陆冰盖的最高点。

22. 中国第二十二次南极考察

中国第二十二次南极考察队于 2005 年 11 月 20 日乘"雪龙"号极地考察船离开北京，航行 131 天、2200 余海里、经受了极地恶劣环境考验后，共收集陨石 5354 块，其中包括我国科学家发现的第一块月球陨石，并绘出了格罗夫山地区的准确地图。

23. 中国第二十三次南极考察

中国第二十三次南极科学考察队于 2006 年 12 月初启程，极地测绘科学国家测绘局重点实验室派出 7 名考察队员参加此次南极科考。这 7 名队员是：王泽民、孟泱、蓝蔚、吴文会、王连仲、胡国元、王涛。测绘人员将分别在长城站、中山站进行多项科学考察，其中获取长城站三维空间图像信息是此次科考的一项重要任务。

24. 中国第二十四次南极考察

我国第二十四次南极考察紧紧围绕南极内陆站建设选址、"国际极地年"中国行动计划、极地考察"十五"能力建设三大目标展开，考察队共完成了 46 项科学考察和 11 项后勤保障任务，取得了丰硕的考察成果。

备受国际瞩目的南极内陆冰盖考察圆满成功，17 名科学勇士不畏艰险，于 2008 年 1 月 12 日在人类历史上第二次成功登上南极内陆冰盖最高点——海拔 4093 米的冰穹 A，并系统开展了地球物理、冰川、地质、气象、医学和天文等多学科综合考察，在科学前沿领域取得一批原创性成果。

在冰穹 A 最有可能建站的 900 平方公里范围内，我国考察队员进行了高密度、高精度的建站选址系统调查，获得一大批基础数据和关键资料，为我国内陆建站选址和开展工程建设奠定了基础和依据。

在这次内陆冰盖考察中，我国还首次使用了一些新的重型装备，使野外车队拖载能力大幅提高。两次成功登顶冰穹 A 充分表明，经过十几年的努力，我国已经成功探索出一条南极内陆运输"大通道"。这条长 1228 公里、从中山站直达内陆冰盖最高点的"大通道"，为我国今后在南极内陆建立第三个科学考察站提供了支撑和保障。

长城站、中山站的度夏科考项目硕果累累，实现了"国际极地年"中国行动计划的"开门红"。长城站完成了站区生态环境演变研究、南极法尔兹半岛生物多样性调查、长城站及邻近海域有机污染物调查及生物和微生物采样与研究，获得了大量样品、科学数据和一批珍贵资料。法尔兹半岛南侧航拍测图工作也进展顺利。中山站初步完成了大气本底观测站建设，开始试观测，并开展了冰雪面机器人

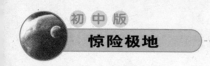

和小型无人机现场综合实验，获得了宝贵参数和数据。

第二十四次南极考察是"雪龙"号历史上航行路线最长、跨越经度最广的一次远航。大洋考察也实现了横跨太平洋、印度洋、大西洋、环绕南极洲的海洋综合观测，完成 14 项科考项目，创下了我国极地考察有史以来跨越 100 多纬度，近 200 经度的走航考察新纪录，共获得 3000 多份走航样品和近 10GB 的测量数据。此外，还在初冬季节，完成了埃默里冰架边缘断面、普里兹湾的定点调查。

第二十四次南极科考队在南极考察中国际协作和合作任务，也完成得非常出色。"雪龙"号出色地完成了协助韩国站运送大批建站物资的任务；中山站协助德国 DOCO 计划顺利实施；在内陆考察中，我国与澳大利亚、美国的研究机构合作，成功安装了国际先进的天文观测、地球物理和气象设备，使我国内陆考察具有了广泛的国际合作背景。

第二十四次南极考察的圆满结束，还标志着"雪龙"号极地科考船成功通过了更新改造后的首航考验，创造了"雪龙"号历史上航程最长、时间最长的新纪录。"雪龙"号曾 4 次成功穿越西风带，总航程 28450 海里，其中在冰区航行 800 多海里。

25. 中国第二十五次南极考察

2008 年 10 月 20 日，承担着建设中国首个内陆科学考察站"昆仑站"任务的中国第 25 次南极科学考察队乘坐"雪龙"号从上海起航前往南极中山站。

40 多名船员在船长王建中的带领下一路上精心呵护和驾驶着"雪龙"号来保障考察队圆满完成任务。一路上，一切都是那么的顺利，比计划提前 2 天到达南纬 68 度 52 分 10 秒，南极中山站以北 57 公里外的普里兹湾固定海冰外缘。就在这里，一道天然屏障横在了"雪龙"号的前方，这道屏障让"雪龙"号遭遇了我国南极科考以来最严重的"阻挠"。复杂的海冰让"雪龙"号举步维艰，最艰难的时候一天仅仅前进了 60 米的距离。

2008 年中山站地区降雪量大大超过往年，仅 11 月份降雪天数多达 23 天，高出历年一倍以上。连日来，大风降雪天气交替出现，几场强降雪后，接岸海冰覆盖了厚达 70 厘米的积雪，厚厚的雪就像一床棉被一样"保护"着海冰，这不仅增加了"雪龙"号破冰的难度，还为判断海冰状况带来了极大的困难。持续恶劣的天气使得直升机吊运作业无法开展，卸货工作一度滞后了 21 天。

为了尽早抵达中山站，船长王建中就把驾驶台当成了自己的宿舍，在"雪龙"号破冰最艰难的阶段，他几乎全天守在驾驶台，拿着望远镜紧紧地盯着海冰，亲自掌舵驾驶"雪龙"号破冰。这期间，如何保证"雪龙"号保持最大的动力冲破海冰，对轮机部的船员们是一个大考验，但是从正面撞击容易楔入冰中，好比钉子插入木塞，

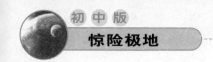
而破冰速度过大使得船体进冰容易、后退困难，频繁的大功率后退对"雪龙"船螺旋桨尾轴造成极大的负担。总结了多次卡船经验之后，"雪龙"号采取了同时开辟两个航道前后推进的破冰办法，如人挪步，左右两个航道交替前行。22日在全体船员艰苦卓绝的努力下，终于走出这条3.7公里宽的冰块重叠带。在最大马力的支撑下，"雪龙"号的"胃口"也相当惊人——1天就消耗了近50吨油！

更为严重的是，这一季节的雪面融水和高温海水同时加速了海冰的消融过程，经考察队专门组织的冰上探测结果显示，中山站向外的海冰全为湿海冰，海冰强度大大降低，这大幅增加了考察队冰上卸货作业的安全威胁和风险。

由于无法实施冰面运输，而为了保证建设昆仑站的内陆冰盖队能够尽早出发前往冰穹A，考察队人员运输、物资卸运几乎全部依靠航空作业，中、韩直升机组利用一切可飞行的天气窗口进行了昆仑站建站物资吊运，单体重量超过直升机运输能力的将拆卸后通过直升机吊运到中山站再进行组装。十几天的内陆物资集结工作，内陆队员们在集结地卸货装货，经常是工作到凌晨才能返回中山站休息。连日来的户外作业，每个队员除了眼睛部位保留了原有的肤色外，其他部位都不同程度出现了晒伤，黑了许多，深入内陆后环境将更加恶劣。

内陆队的全体28名队员都经过了体检、心理测试，高原适应性训练等一系列的严格考核，他们将克服高寒、低氧等困难完成建站、考察等任务。

从中山站到冰穹A，近1300公里的距离，他们经历了令人头疼的软雪带、深不可测的冰裂隙，昼夜兼程用了19天的时间于2009年1月7日北京时间凌晨，驾驶8辆雪地车拖载44部雪橇，将所有建站、科考和后勤物资，运抵冰穹A最高点昆仑站建站站址。到达冰穹A后，内陆冰盖考察队立即投入到昆仑站建设之中，克服内陆冰盖高寒缺氧与强紫外辐射环境下的冻伤、高原反应、体能下降等严峻考验，凭着国内反复组装练就的过硬技术，成功解决了冰盖高原软雪基础和极端低温施工难题，于2009年1月27日按照设计要求完成了昆仑站主体建筑工程施工，夺回了考察前期的损失时间，圆满完成了建站任务，同时将一座体现中国文化特色的中华鼎"天鼎"放置在南极内陆冰盖最高点冰穹A（南纬88度22分，东经77度21分，高程4093米）。

除了昆仑站的建设，中山站的能力建设也是本次考察队非常重要的一项任务。南极素有"风极、寒极"之称，在这样恶劣的自然条件下盖房子，工程能不能按时完成全得看天气。而在中山站度夏施工期间，中铁建的考察队员们接连遇到了多个风雪天气，可他们没有停下来。面对超乎想象的困难，顶风冒雪，顽强拼搏，尤其是最后的打灰工作阶段，每天连续工作10几个小时。累了，回来就

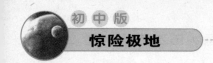
倒在床上和衣而眠，换班的时候，揉揉眼睛就冲出去了。

短短两个月的时间，完成了中山站改造建设施工工程量的 60% 以上，达到了预期度夏完成主体建筑钢结构安装和综合楼外部围护板安装的工程量的计划安排，实现了越冬进行综合楼内装饰施工的预期目标，为越冬施工奠定了良好的基础。这样一支专业的施工队伍为极地科考事业带来的是长城站、中山站的基础设施、后勤保障能力和环境保护上迅速接近极地考察强国的水平。

随着我国首个南极内陆科学考察站昆仑站建设成功，中国在被称之为"人类不可接近之极"的南极内陆冰穹 A 地区，留下了国人在那里的永久印记。回顾我国南极科考史，从乔治王岛的长城站到拉斯曼丘陵地区的中山站再到南极内陆冰盖最高点冰穹 A 地区的昆仑站，25 年来，中国在极地事业上实现了从无到有、从小到大、从大到强的跨越式发展，使南极冰盖核心区域也飘扬起鲜艳的五星红旗。

26. 中国第二十六次南极考察

2009 年 10 月 11 日上午 10 时许，中国"雪龙"号极地考察船搭载着 251 名队员，驶离中国极地考察专用码头，开始了中国第二十六次南极考察的行程。此次南极考察创造了中国南极考察历史参与人数之最，考察成员包括了长城站考察队员 60 人，中山站考察队员 84 人，昆仑站和格罗夫山内陆考察队员 30 人，南大洋考察队员 13 人，国际合作 2 人以及随船人员 62 人。在完成各项考察任务后，"雪龙"号计划于 2010 年 4 月 10 日返回中国，共将航行约 30000 海里。3 位台湾科研人员首次参与中国南极考察项目。他们是来自台湾海洋生物博物馆的研究员林家兴、郭富雯以及台湾正修科技大学微量研究科技中心采样工程师许廷炜。他们将利用南极考察的机会开展"极地海洋生物所含生理活性物质"等研究项目。他们是在"雪龙"号途经新西兰时搭乘该考察船前往南极的。

在为期近 180 天的考察期间内，考察队执行了 59 项科学考察任务，是中国南极考察历史上任务最重的一次。科考队员在格罗夫山地区进行第 5 次科学考察，对格罗夫山的暴露年龄、新生代沉积岩及其孢粉、地质构造、现代冰雪界面环境化学及生态地质学等进行了研究，对格罗夫山冰下古沉积盆地进行了地球物理勘探，在核心地区进行了测绘，同时在格罗夫山区收集了陨石。此外，考察队员还进行了深冰芯钻探的前期准备工作。同时开展了中山站至冰穹 A 断面的冰川学观测、冰穹 A 天文台址测量和天文观测以及测绘学考察，并完成了昆仑站的二期工程。

27. 中国第二十七次南极考察

2010年11月11日上午，中国第二十七次南极考察队乘"雪龙"号科学考察船从深圳市盐田港起航，赴南极考察。这是"雪龙"号首次在上海极地考察国内基地码头以外的港口启程去南极。

此次，"雪龙"号船执行的是一船两站的考察任务，即从深圳出发后，将经过澳大利亚停靠，到达南极中山站，随即将深入南极内陆，进行昆仑站的考察。中国第二十七次南极考察队一共由193人组成，其中赴长城站执行考察任务的有38名队员，他们搭乘飞机，途经智利，到达中国南极长城站。到中山站和内陆昆仑站执行考察任务的考察队员搭乘"雪龙"号船前往。

2011年4月1日上午，中国第二十七次南极考察队历经142天的南极考察，完成各项度夏科考任务后，乘坐"雪龙"号极地考察船凯旋，返回位于上海的极地考察国内基地码头

考察队顺利完成了预定的31项科学考察任务，25项后勤保障任务和1项国际合作项目。本次考察，"雪龙"号总航程约2万海里，冰区航行2000海里。

本次考察，队员们经历了常人难以想象的艰苦。在完成冰芯钻探场地的地板铺设任务和冰芯钻探槽的开挖任务时，科考队员们需要在−58℃气温下作业。22、23岁的大小伙，浑身都贴满了暖宝，

但工作 20 多分钟，就需要到上面暖和一下，不过上面的温度也只有 −30℃。

本次度夏科考依托长城站、中山站、昆仑站开展了多学科站基综合科学考察，包括生物、测绘、地质、气象、冰川等学科。本次考察首次对陆架坡海域进行了高密度空间的断面调查，获取了多学科、多类型的第一手观测数据及样品 11000 余份，是近年来航次采样最多的一次。同时创造了首次直接抵近南极大陆冰盖作业、选定新的冰盖登陆点，以及在南极夏末冬初通过海冰卸运单体重达 25 吨重型装备的新纪录。

28. 中国第二十八次南极考察

我国第二十八次南极考察队于 2011 年 11 月 3 日从天津出发，前往南极执行科学考察任务。

第二十八次南极考察队由 220 人组成，其中 48 名队员（含 2 名台湾考察队员）将搭乘飞机，途经智利，到达中国南极长城站执行考察任务，其他队员则搭乘"雪龙"号科学考察船赴中国南极中山站和昆仑站执行考察任务。本次考察队将执行 31 项科学考察任务、10 项能力建设任务和多项常规保障维护任务。

考察队从天津出发后，经澳大利亚前往南极中山站、长城站，

除了执行南大洋、南极中山站、长城站的考察和物资补给任务外，昆仑站考察队从中山站出发，前往位于南极内陆冰盖最高点、海拔4000米以上的冰穹A地区的昆仑站，执行年度考察任务和昆仑站后续建设任务。

2012年4月8日，历时163天，中国第28次南极考察队完成各项考察任务，乘坐"雪龙"号极地考察船返回位于上海的极地考察国内基地码头。此外，"雪龙"号先后4次成功穿越西风带，冰区航行3900余海里。此次，考察队共执行了47项科学考察和工程建设以及后勤保障任务，其中在深冰新项目、天文领域都实现了重大的突破，并完成首次南极半岛的专项调查，其中在昆仑站顺利完成了中国自主研发的首台南极巡天望远镜的安装。

图书在版编目（CIP）数据

惊险极地：初中版/ 宫淑敏编著；—哈尔滨 ：
黑龙江教育出版社，2012.7
（中小学生校园科普系列丛书）
ISBN 978-7-5316-6547-2

Ⅰ. ①惊… Ⅱ. ①宫… Ⅲ. ①极地—青年读物
②极地—少年读物 Ⅳ. ①P941.6-49

中国版本图书馆 CIP 数据核字（2012）第 174879 号

中小学生校园科普系列丛书

惊险极地 *初中版*
ZHONGXIAOXUESHENG XIAOYUAN KEPU XILIE CONGSHU
JINGXIAN JIDI CHUZHONGBAN

作　　者	宫淑敏	
选题策划	彭剑飞	
责任编辑	宋舒白　彭剑飞	
装帧设计	冯军辉	
责任校对	石　英	
出版发行	黑龙江教育出版社（哈尔滨市南岗区花园街 158 号）	
印　　刷	北京市全海印刷厂	
开　　本	700×1000　1/16	
印　　张	8	
字　　数	78 千	
版　　次	2012 年 11 月第 1 版　2012 年 11 月第 1 次印刷	
书　　号	ISBN 978-7-5316-6547-2	
定　　价	20.00 元	